Uni-Taschenbücher 1012

T0216139

UTB

Eine Arbeitsgemeinschaft der Verlage

Birkhäuser Verlag Basel und Stuttgart
Wilhelm Fink Verlag München
Gustav Fischer Verlag Stuttgart
Francke Verlag München
Paul Haupt Verlag Bern und Stuttgart
Dr. Alfred Hüthig Verlag Heidelberg
Leske Verlag + Budrich GmbH Opladen
J. C. B. Mohr (Paul Siebeck) Tübingen
C. F. Müller Juristischer Verlag – R. v. Decker's Verlag Heidelberg
Quelle & Meyer Heidelberg
Ernst Reinhardt Verlag München und Basel
K. G. Saur München · New York · London · Paris
F. K. Schattauer Verlag Stuttgart · New York
Ferdinand Schöningh Verlag Paderborn
Dr. Dietrich Steinkopff Verlag Darmstadt
Eugen Ulmer Verlag Stuttgart
Vandenhoeck & Ruprecht in Göttingen und Zürich

Mathematische Behandlung
naturwissenschaftlicher Probleme · Teil 2

Manfred Stockhausen

Mathematische Behandlung naturwissenschaftlicher Probleme

Teil 2
Differential- und Integralrechnung

Eine Einführung für Chemiker
und andere Naturwissenschaftler

Mit 44 Abbildungen und 6 Tabellen

Springer-Verlag Berlin Heidelberg GmbH

Prof. Dr. *Manfred Stockhausen*, geb. 1934, Studium der Physik in Mainz, dort Habilitation 1972. Lehrt seit 1975 Mathematik und Chemische Physik am Fachbereich Chemie der Universität Münster.

CIP-Kurztitelaufnahme der Deutschen Bibliothek

Stockhausen, Manfred:

Mathematische Behandlung naturwissenschaftlicher Probleme / Manfred Stockhausen. – Darmstadt: Steinkopff.

Teil 2. Differential- und Integralrechnung: e. Einf. für Chemiker u. a. Naturwissenschaftler. – 1980.

(Uni-Taschenbücher; 1012)

ISBN 978-3-7985-0561-2   ISBN 978-3-642-87437-6 (eBook)
DOI 10.1007/978-3-642-87437-6

Einbandgestaltung: Alfred Krugmann, Stuttgart
Satz und Druck: Druckerei Winter, Darmstadt
Gebunden bei der Großbuchbinderei Sigloch, Leonberg

Vorwort

Viele Fachwissenschaften, Naturwissenschaften zumal, kommen ohne ein gewisses mathematisches Repertoire nicht aus. Der akademische Unterricht kann dieses freilich nicht mit der vielleicht wünschenswerten mathematischen Gründlichkeit vermitteln, sondern muß – allein schon wegen der für ein Nebenfach verfügbaren Zeit – in besonderem Maße fachspezifische Anwendungsgebiete hervorheben und für sie gleichsam gebrauchsfertiges Handwerkszeug anbieten. Daher haben sich mehr und mehr spezialisierte Lehrveranstaltungen „Mathematik für ..." eingebürgert. Die vorliegenden Taschenbuch-Bände basieren auf einer solchen mehrsemestrigen Einführungsvorlesung, die regelmäßig für Studenten der Chemie und benachbarter Fachrichtungen gehalten wird.

Der angehende Naturwissenschaftler sollte meines Erachtens auf diesem Gebiet nicht nur die gebräuchlichen Rechentechniken seiner Fachregion kennenlernen, sondern auch auf die Rolle hingewiesen werden, die die Mathematik im Rahmen seines Faches und dessen Theorienbildung spielt. Ein Modellansatz ist nicht schon deshalb gut, weil man mit ihm rechnen kann. Diesem Ziel dient hier eine Stoffgliederung, die vom mathematischen Standpunkt nicht durchweg folgerichtig ist.

Die Darstellung ist geschrieben vom Standpunkt eines experimentierenden Naturwissenschaftlers im Allgemeinen, eines Chemikers im Besonderen. Sie folgt in großen Zügen dem Gang vom Meßwert zur Theorie. Dabei ergibt sich zwanglos eine Zweiteilung. Von der Messung beobachtbarer Größen kommt man zum funktionalen Zusammenhang und zur Analysis, zu den Methoden also, die zur Beschreibung der „makroskopischen" Eigenschaften der Materie gebraucht werden. Sie sind der Inhalt der ersten beiden Bände. Die „mikroskopischen" Eigenschaften der Materie lassen sich nur von einem anderen Ausgangspunkt her erfassen. In die einschlägigen Methoden, welche dann die Grundlage der Quantenchemie bilden – im wesentlichen also die lineare Algebra –, führt der dritte Band ein.

Aus dem skizzierten Ansatz ließen sich die mathematischen Hilfsmittel aller Naturwissenschaften entwickeln, und so mag die vorliegende Darstellung, wenn man einmal von einigen Problemkreisen absieht, die speziell für die Chemie von Belang sind, auch für Studenten anderer naturwissenschaftlicher oder technischer Fächer von Interesse sein. Sie ist als einführende Übersicht gedacht, bemüht, so weit es möglich ist, die Anschauung, weist aber auch darauf hin, welche Sachverhalte sich noch veranschaulichen lassen und welche prinzipiell unanschaulich sind. Mathematische Fragen im engeren Sinne werden oft nur an der Oberfläche berührt. Ein Naturwissenschaftler wird sich diesen lockeren Umgang mit seinem Handwerkszeug erlauben, soweit er sicher sein kann, daß die vom Mathematiker in Strenge herausgearbeiteten Voraussetzungen seiner Anwendbarkeit gegeben sind. Nichts wäre indes für den Autor befriedigender, als wenn er den einen oder anderen Leser auch zur weiterführenden und vertiefenden Lektüre eines Mathematikbuches anregen könnte.

Münster, im Februar 1979   *Manfred Stockhausen*

Inhalt

3. Differentialrechnung von Funktionen einer Variablen

3.1. Der Differentialquotient einer Funktion

3.1.1. Der Differentialquotient als Lösung des Tangentenproblems

Das Kurvenbild einer Funktion $y = f(x)$ kann man im Rahmen der zeichnerisch erreichbaren Genauigkeit über ein *mehr oder weniger kurzes Stück* als gerade ansehen. Anders ausgedrückt: Näherungsweise läßt sich die Funktion in der Umgebung eines herausgegriffenen Punktes, den wir mit (x_1, y_1) bezeichnen wollen, durch ihre *Tangente* in diesem Punkt ersetzen.

Eine solche lineare Approximation (oder, wie wir auch sagen werden: Lineare Entwicklung um den Punkt x_1) ist in der Benutzung sehr angenehm. Sie stimmt um so genauer mit der Funktion $f(x)$ überein, je näher man mit der Variablen x an x_1 herankommt. Man kann allen praktischen Erfordernissen genügen, falls man sich nur auf eine genügend enge Umgebung von x_1 beschränkt.

Die Kernfrage der linearen Approximation ist die nach der „richtigen" Tangente. Sie bildet den Ausgangspunkt der Differentialrechnung. Weil sie an ein geometrisches Bild anknüpft, müssen wir daran erinnern, daß die graphische Darstellung einer Funktion als Kurve meistens nur als Veranschaulichung zu verstehen ist, aber keine geometrisch-faßbare Bedeutung hat. Soweit wir also im folgenden geometrische Betrachtungen heranziehen, gelten sie erforderlichenfalls im übertragenen Sinn.

(I) Der Grenzübergang zum Differentialquotienten

Wir werfen folgende Frage auf: Wie ist die lineare Approximation *rechnerisch* zu vollziehen, wenn die explizite analytische Darstellung der Funktion, $y = f(x)$, bekannt ist?

Das Problem besteht darin, die *analytische Darstellung der Tangente* zu finden, und das heißt: In einer Geradengleichung die beiden verfügbaren Koeffizienten so festzulegen, daß diese Gerade zur Tangente an die Kurve $y = f(x)$, speziell im vorgegebenen Punkt (x_1, y_1), wird.

Um die Geradengleichung in einer für die anstehende Frage zweckmäßigen Weise zu formulieren, denken wir uns das graphische Bild der Geraden für einen Augenblick um die Strecke x_1 in x-Richtung verschoben, so daß x_1 in den Nullpunkt fällt und der ausgewählte Kurvenpunkt mit $f(x_1) = y_1$ auf die y-Achse zu liegen kommt. In der Gleichung der verschobenen Geraden hat dann das absolute Glied den Wert y_1:

$$y = a_1 x + y_1.$$

Geht man wieder auf die ursprüngliche Gerade zurück, so ist gemäß Kap. 2.2.5. die Variable x durch $x - x_1$ zu ersetzen. Damit bekommt man die Geradengleichung in der sog. Punkt-Steigungs-Form Gl. [117]. Sie stellt natürlich denselben Sachverhalt dar wie die übliche Normalform, Gl. [78].

Die analytische Darstellung der *Tangente*

$$y = a_1(x - x_1) + y_1 \qquad [117]$$

enthält (neben den Variablen) bereits zwei bekannte, feste Werte, nämlich den vorgegebenen Wert x_1 und den in Kenntnis der Funktion $y = f(x)$ aus x_1 berechenbaren Wert y_1. Aufzusuchen bleibt demnach nur noch der Koeffizient a_1, das ist das Steigungsmaß der Tangente im vorgegebenen Punkt.

Diese Aufgabe ist auf einem recht übersichtlichen Wege zu lösen, den wir kurz skizzieren wollen. Vom betrachteten Punkt (x_1, y_1) gehen wir zunächst einmal längs der Kurve um ein Stück weiter zu einem

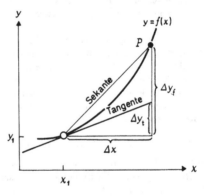

Abb. 3.1. Zur Definition des Differentialquotienten als Tangentensteigung

anderen Punkt P, wo die unabhängige Variable x um Δx größer (oder auch kleiner) ist (Abb. 3.1.). Zwischen beiden Punkten ziehen wir eine gerade Verbindung, die Sekante. Ihr Steigungsmaß ist rechnerisch zugänglich, da ja die Funktionsgleichung als bekannt vorausgesetzt ist. Mit $\Delta x = x - x_1$ und $\Delta y_f = y - y_1 = f(x) - f(x_1) = f(x_1 + \Delta x) - f(x_1)$ ist die

$$\text{Sekantensteigung} = \frac{\Delta y_f}{\Delta x}.$$

Der Index f soll andeuten, daß P dem *Funktions*verlauf folgt.

Die gesuchte Steigung der Tangente ist ebenfalls ein derartiger *Differenzenquotient*, nämlich nach Abb. 3.1.:

$$\text{Tangentensteigung} = a_1 = \frac{\Delta y_t}{\Delta x}$$

mit dem noch unbekannten Δy_t.

Wir lassen nun den Punkt P entlang der Kurve auf (x_1, y_1) hinrücken. Dabei schwenkt die Sekante nach und nach in die (unverändert bleibende) Tangente ein*), und die beiden Steigungsmaße nähern sich einander an. Im Grenzfall

$$P \rightarrow (x_1, y_1), \quad \text{also} \quad \Delta x \rightarrow 0,$$

geht schließlich

$$\frac{\Delta y_f}{\Delta x} \rightarrow \frac{\Delta y_t}{\Delta x} = a_1.$$

Daher läßt sich als Lösung des Problems angeben: Das Steigungsmaß a_1 der Tangente an die Kurve $y = f(x)$ bei $x = x_1$ ist

$$a_1 = \lim_{\Delta x \to 0} \frac{\Delta y_f}{\Delta x} = \lim_{\Delta x \to 0} \frac{f(x_1 + \Delta x) - f(x_1)}{\Delta x}. \qquad [118]$$

Damit ist das Problem prinzipiell erledigt: Man bekommt die Tangentensteigung durch einen rechnerischen Grenzübergang aus der Sekantensteigung.

Eine gewisse Schwierigkeit für das anschauliche Verständnis mag gelegentlich der Grenzübergang bereiten, dessen mathematisches Resultat, wie aus früheren Beispielen bekannt ist, nicht immer unmittelbar einsichtig ist. Ob er überhaupt sinnvoll ist, d. h. einen eindeutigen und endlichen Grenzwert liefert, ist nicht von vornherein sicher, insbesondere wenn man an Funktionen denkt, deren graphische Darstellung nicht in einfacher Weise eine übersichtliche Kurve gibt.

Existiert der *Grenzwert des Differenzenquotienten* gemäß Gl. [118], so nennt man ihn den *Differentialquotienten* der Funktion $f(x)$ an der Stelle $x = x_1$.

Wir können die besondere Indizierung der betrachteten Stelle, da sie ohnehin beliebig ist, fallenlassen und einfach x statt x_1 schreiben.

---

*) Näher besehen, *definiert* man auf diese Weise überhaupt erst, was man unter einer *Tangente* verstehen will.

3

Den Differentialquotienten symbolisiert man mit der Abkürzung $\dfrac{dy}{dx}$ („dy nach dx"), welche also genauer bedeutet

$$\frac{dy}{dx} = \lim_{\Delta x \to 0} \frac{f(x + \Delta x) - f(x)}{\Delta x}. \qquad [119]$$

Diese Schreibweise soll an die Definition als Grenzwert erinnern, heißt aber nicht, daß es sich um einen Bruch im üblichen Sinne handelt; vielmehr ist das Zeichen als *einheitliches Ganzes* zu betrachten.

Der Differentialquotient läßt sich auch noch unter zwei anderen Aspekten betrachten, die in den Abschnitten 3.1.2. und 3.1.3. behandelt werden.

Résumé: Das Tangentenproblem der Funktion $y = f(x)$ ist gelöst, wenn man sie *differenziert* hat, d.h. ihren Differentialquotienten $\dfrac{dy}{dx}$ nach der Vorschrift Gl. [119] ermittelt hat; er ist gleich der Tangentensteigung.

Beispiel: Die Funktion $y = x^2$ ist zu differenzieren. Nach Gl. [119] ist

$$\frac{dy}{dx} = \lim_{\Delta x \to 0} \frac{(x + \Delta x)^2 - x^2}{\Delta x}$$

$$= \lim_{\Delta x \to 0} \frac{2x\Delta x + (\Delta x)^2}{\Delta x}$$

$$= \lim_{\Delta x \to 0} (2x + \Delta x) = 2x.$$

Das ist die Tangentensteigung a_1 für beliebige Werte x. Betrachten wir als Beispiel die Tangente an die Kurve $y = x^2$ bei $x = -2$. Der Funktionswert ist dort $y = 4$, die Tangentensteigung $a_1 = -4$. Die vollständige Tangentengleichung lautet gemäß Gl. [117]: $y = -4(x + 2) + 4 = -4x - 4$.

(II) Differenzierbarkeit und Stetigkeit

Die Funktion heißt an einer Stelle *differenzierbar*, wenn der Differentialquotient dort existiert. Existiert er an allen Stellen eines Bereichs, so spricht man von einer in diesem Bereich differenzierbaren Funktion.

Die Eigenschaft, differenzierbar zu sein, zeichnet eine Funktion in ähnlicher Weise aus wie die Eigenschaft, stetig zu sein.

Anschaulich heißt Differenzierbarkeit, daß an der betrachteten Stelle ein Tangente endlicher Steigung eindeutig festlegbar ist. Das ist nicht der Fall, wo das Funktionsbild Ecken oder Spitzen hat.

So etwa bei der Funktion $y = |x|$ (Abb. 3.2.), die bei $x = 0$ eine Ecke hat. Dort ist keine Tangente definierbar. Diese Funktion ist also bei $x = 0$ nicht differenzierbar, wohl aber stetig.

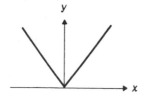

Abb. 3.2. Beispiel für eine (an der Stelle $x = 0$) nicht differenzierbare, aber stetige Funktion

Über den Zusammenhang der beiden Eigenschaften – Differenzierbarkeit und Stetigkeit – gibt folgender Satz Auskunft:

Ist eine Funktion an einer Stelle differenzierbar, so ist sie dort auch stetig.

Die Umkehrung dieses Satzes gilt, wie das Beispiel zeigt, nicht. Also hat die Differenzierbarkeit einschränkenderen Charakter als die Stetigkeit.

3.1.2. Der Differentialquotient als abgeleitete Funktion

(I) Die Ableitung

Zu jedem x ergibt sich ein bestimmter Differentialquotient $\dfrac{dy}{dx}$. Man könnte etwa daran denken, eine Wertetabelle der unabhängigen Variablen x und der davon abhängigen $\dfrac{dy}{dx}$ aufzuschreiben. Daraus folgt klar, daß der Differentialquotient seinerseits eine neue Funktion von x ist, was man durch eine entsprechende Schreibweise verdeutlicht:

$$\frac{dy}{dx} = f'(x) \; {}^*).$$

[120]

---

*) Statt $f'(x)$ schreibt man auch $y'(x)$ oder, ohne die unabhängige Variable aufzuführen, einfach y'. Speziell in dem Fall, daß die unabhängige Variable die Zeit ist, ist auch $\dot{y}$ (statt y') üblich.

Den Differentialquotienten (die Ableitung) an einer *bestimmten* Stelle x_1 (also einen festen Wert, keine Funktion!) bezeichnet man mit

$$\frac{dy}{dx}\bigg|_{x_1}, \quad \frac{dy(x_1)}{dx}, \quad \frac{df(x_1)}{dx}, \quad f'(x_1), \quad y'(x_1) \text{ oder } y'_1.$$

5

Was das Funktionssymbol „*f*'" angeht, so konnte man nicht einfach „*f*(*x*)'" schreiben, weil das Symbol „*f*'" schon für die Ausgangsfunktion $y = f(x)$ benutzt wurde. Da der Differentialquotient dy/dx aber nach einer anderen Vorschrift aus x auszurechnen ist als y, ist auch ein anderes Symbol vonnöten. Warum also nicht $dy/dx = g(x)$? Der Differentialquotient, als Funktion betrachtet, hängt eng mit y, als Funktion betrachtet, zusammen. Um deutlich zu machen, daß sich die eine Funktion aus der anderen ableitet, wählt man das Zeichen „*f*'".

Man sagt auch: Von einer vorgegebenen Funktion $y = f(x)$ ist die Funktion $\dfrac{dy}{dx} = f'(x)$ die *Ableitung*.

Sofern die Variablen dimensionsbehaftete Meßgrößen sind, haben $f(x)$ und $f'(x)$ verschiedene Dimension!

(II) Operatoren

Als Operator bezeichnet man ganz allgemein jede Vorschrift, nach der irgendeiner Funktion $f(x)$ eine andere Funktion $g(x)$ zugeordnet wird. Wir erinnern daran, daß auch die Funktion ihrerseits eine Zuordnungsvorschrift, nämlich des Wertes y zum Wert x, ist; der Operator stellt also eine Zuordnung auf höherem Niveau dar. Oft werden Operatoren durch große Buchstaben symbolisiert, etwa

$$g(x) = A f(x) \qquad [121]$$

(„Operation A angewandt auf die Funktion $f(x)$").

Der Differentialquotient symbolisiert die Operation des Ableitens der Funktion $f(x)$. Man kann das verdeutlichen, indem man schreibt

$$\frac{dy}{dx} = \frac{d}{dx} y = \frac{d}{dx} f(x), \qquad [122a]$$

oder mit Blick auf Gl. [121]:

$$f'(x) = \frac{d}{dx} f(x). \qquad [122b]$$

Der *Differentialoperator* $\dfrac{d}{dx}$ bedeutet also: Die hinter dem Operator aufgeführte Funktion ist abzuleiten.

Die Vorschrift: „Leite die folgende Funktion ab!" ließe sich wohl auch durch ein einfaches Buchstabensymbol darstellen. Es müßte aber jedenfalls die Variable bezeichnen, nach der abgeleitet werden soll (hier also x); bei komplizierteren Ausdrücken könnten sonst Zweifel auftreten. So sehr umständlich ist die Schreibweise d/dx also gar nicht, und da sie zudem an die Abkunft von einem Grenzübergang erinnert, wird sie gern benutzt.

3.1.3. Differentiale

Der Ausdruck dy/dx, zunächst als abkürzende Schreibweise für einen Grenzwert eingeführt, dann im obigen Abschnitt als Operator, angewandt auf die Funktion y, interpretiert, ist unter beiden Blickwinkeln kein Bruch im üblichen Sinne. Wenn man trotzdem diese Schreibweise benutzt, hat das unter anderem seinen Grund darin, daß man bei vorsichtiger Interpretation sowohl dem Zähler dy als auch dem Nenner dx eine eigenständige Bedeutung zubilligen kann, die es dann rechtfertigt, den Differentialquotienten dy/dx im Wortsinne als Quotienten der beiden *Differentiale* dy und dx aufzufassen. Das ist die dritte Interpretation, welche der – wie man bemerkt, recht vielseitige – Ausdruck dy/dx zuläßt.

Wir approximieren die Funktion $y = f(x)$ an einer vorgegebenen Stelle durch ihre Tangente. Deren Steigungsmaß, nämlich dy/dx, ist uns bekannt. Ändert man x um Δx, so ändert sich die linear approximierte Funktion um Δy_t (vgl. Abb. 3.1.), und es ist

$$\frac{dy}{dx} = \frac{\Delta y_t}{\Delta x}.$$ [123a]

Man identifiziert nun jeweils Zähler und Nenner beider Seiten miteinander und behält nur die linksstehende Schreibweise bei, indem man interpretiert:

dx ist eine *Änderung der Variablen x* (ausgehend vom vorgegebenen Punkt); sie ist nie gleich Null, ansonsten *beliebig*;

dy ist die aus der Änderung dx folgende *Änderung der* (am gegebenen Punkt) *linear approximierten Funktion* – also nicht die Änderung von $y = f(x)$ selbst!*).

In diesem Sinne nennt man dy und dx *Differentiale* und behandelt sie als selbständige Größen, als Zähler und Nenner eines gewöhnlichen Bruches.

---

*) Im Gegensatz zu dx kann dy Null werden, wenn nämlich die lineare Approximation der Funktion von x nicht abhängt, also wenn $f(x)$ an der betrachteten Stelle eine waagrechte Tangente hat. – Um Mißverständnissen vorzubeugen wiederholen wir, daß dy und dx nicht unabhängig voneinander sind; nur dx ist frei wählbar, dy folgt daraus wegen $y = f(x)$. Wäre nämlich auch noch dy frei wählbar, so hieße das: Es besteht kein funktionaler Zusammenhang zwischen y und x (mit der Konsequenz, daß dy/dx überhaupt nicht definiert wäre).

Der augenscheinliche Widerspruch zu der bei Gl. [119] gemachten Bemerkung rührt daher, daß man im Grunde *zwei* Begriffe mit dem gleichen Zeichen erfaßt, weil sie sich einander zuordnen lassen (einerseits das Steigungsmaß dy/dx als Grenzwert, andererseits einen Quotienten aus Änderungen Δy_t und Δx der Variablen einer *linearen* Funktion). Bei Funktionen von zwei Variablen ist das nicht mehr der Fall, und der begriffliche Unterschied muß dann auch in der Schreibweise hervorgehoben werden.

Die lineare Approximation weicht im allgemeinen um so stärker von der Ausgangsfunktion $y = f(x)$ ab, je größer man das Differential dx wählt. Vom praktischen Standpunkt kann man verlangen, daß die Abweichung ein gewisses Maß nicht überschreiten soll. Dadurch wird dx eingeschränkt. Statt Gl. [123a] hätte man sich auch auf die Ausgangsfunktion beziehen und die Näherung

$$\frac{dy}{dx} \approx \frac{\Delta y_f}{\Delta x \text{ (genügend klein)}}$$ [123b]

schreiben können, welche definitionsgemäß (nach Gl. [119]) im Grenzfall $\Delta x \to 0$ zur Gleichheit wird. Unter diesem Gesichtspunkt – mit der Ausgangsfunktion selbst, nicht ihrer linearen Approximation, im Auge – wird dann oft gesagt:

dx ist eine „genügend kleine" Änderung der Variablen x (so daß die lineare Approximation der Funktion $y = f(x)$ als zufriedenstellend gilt);

dy ist – näherungsweise – die aus dx folgende Änderung der Funktion $y = f(x)$ (nicht nur – was exakt wäre – ihrer linearen Approximation).

Diese Erklärung ist im Vergleich zur erstgenannten unscharf. Sie verführt dazu, dx als „unendlich kleine Änderung" zu apostrophieren. Das ist ein mißverständlicher Ausdruck; zu jeder von Null verschiedenen, wenn auch noch so kleinen Zahl lassen sich ja beliebig viele noch kleinere finden! Abgesehen von diesem formal-mathematischen Argument, ist die Vorstellbarkeit „unendlich kleiner Größen" gerade in den naturwissenschaftlichen Anwendungen begrenzt, worauf wir am Ende des folgenden Abschnitts noch einmal zurückkommen.

Der Gebrauch von Differentialen ist vor allem deshalb beliebt, weil er in vielen Fällen zu einfachen Formulierungen führt und Schreibarbeit erspart.

Beispiel: Wir zeigten bereits, daß aus $y = f(x) = x^2$ folgt: $dy/dx = f'(x) = 2x$. Man kann das auch zu der Schreibweise

$$\frac{df(x)}{dx} = \frac{dx^2}{dx} = 2x$$

kombinieren und den rechten Teil in Differentiale auseinandernehmen:

$$dx^2 = 2x\,dx.$$

8

Diese Gleichung gibt genau das gleiche wieder wie die zuerst genannten beiden Gleichungen. Allgemein ist also

$$\mathrm{d}f(x) = f'(x)\,\mathrm{d}x \qquad [124]$$

eine geeignete Form, das Ergebnis des Differenzierens von $f(x)$ aufzuschreiben. Nach unserer Erklärung der Differentiale kann man diese Gleichung auch so lesen: Wählt man nach Belieben eine Änderung $\mathrm{d}x$ der unabhängigen Variablen, so ändert sich der Funktionswert *in linearer Approximation* um das auf der linken Seite stehende Differential $\mathrm{d}f(x)$.

Zu beachten: Es bedeutet $\mathrm{d}x^2$ hier $\mathrm{d}(x^2)$, nicht $(\mathrm{d}x)^2$. Auch letzteres kann – in anderen Zusammenhängen – auftreten ($\rightarrow$ z. B. Gl. [137]).

3.1.4. Naturwissenschaftliche Anwendungen?

Aus der Art und Weise, in der man den Differentialquotienten einführt und erläutert, mag mancher Leser den Eindruck gewonnen haben, es handle sich um einen Begriff, dessen Nutzen auf rein mathematischem Gebiet liegt. Die Anknüpfung an das Tangentenproblem läßt ja zunächst auch an nicht mehr als eine geometrische Fragestellung denken, ohne daß zugleich relevante naturwissenschaftliche Anwendungen zu sehen wären. Nichts wäre freilich irriger als diese Annahme. Wir sind vielmehr auf dem Wege in ein mathematisches Gebiet, welches für die Naturwissenschaften eine kaum zu überschätzende Rolle spielt. Ein Blick in die Geschichte kann das bestätigen*). Die Begründung der Infinitesimalrechnung durch *Leibniz* und *Newton***) war der Keim für die neuzeitliche Entwicklung vieler Zweige der exakten Naturwissenschaften und ihre theoretische Durchdringung; wir nennen nur Gebiete wie die Mechanik und die Astronomie, die erst mit diesem mathematischen Handwerkszeug erfolgreich bearbeitet werden konnten. Für das Gewicht, das der neuen Methode schon bald nach ihrer Entdeckung nicht nur von den Naturwissenschaftlern beigemessen wurde, spricht es nachgerade, daß die Mathematiker des 18. Jahrhunderts die Analysis (das Gesamtgebiet des Differential- und Integralkalküls unter Einschluß komplexer Zahlen) und ihre Anwendungen als ein Hauptarbeitsgebiet pflegten.

Der Grund für die Bedeutung der Analysis bei der Behandlung naturwissenschaftlicher Probleme ist in der bemerkenswerten Tatsache zu sehen, daß sich – wie die Erfahrung zeigt – eine Fülle von Zusammenhängen und Naturvorgängen mit ihrer Hilfe knapp und prägnant beschreiben lassen. Viele einfache Begriffe sind überhaupt als Differentialausdrücke definiert, so die schon reichlich benutzte relative Häufigkeit nach Gl. [36b]. Eine kleine Auswahl physikali-

---

*) *Tucholsky* empfiehlt: Fang immer bei den alten Römern an!
**) Anfang des 18. Jahrhunderts gab es den bekannten Prioritätsstreit um diese Entdeckung, die beide Forscher unabhängig voneinander machten.

scher Größen, die über Differentialausdrücke zusammenhängen, ist in Tab. 3.1. gegeben*). Dort werden teilweise Differentialquotienten, teilweise einzelne Differentiale benutzt. Beide Darstellungen sind gleichwertig; welche man zweckmäßigerweise wählt, hängt von der physikalischen Fragestellung ab.

Tab. 3.1. Einige physikalische Größen, die über Differentialausdrücke zusammenhängen

Geschwindigkeit	$v = \dfrac{\mathrm{d}s}{\mathrm{d}t}$	s	Weg
		t	Zeit
Beschleunigung	$a = \dfrac{\mathrm{d}v}{\mathrm{d}t}$	v	Geschwindigkeit
		t	Zeit
Stromstärke	$I = \dfrac{\mathrm{d}Q}{\mathrm{d}t}$	Q	elektr. Ladung
		t	Zeit
Dichte	$\varrho = \dfrac{\mathrm{d}m}{\mathrm{d}V}$	m	Masse
		V	Volumen
spezifische Wärmekapazität	$c = \dfrac{1}{m}\dfrac{\mathrm{d}Q}{\mathrm{d}T}$	m	Masse
		Q	Wärmemenge
		T	Temperatur
Kraft	$\mathrm{d}F = p\,\mathrm{d}t$	p	Impuls
		t	Zeit
Arbeit	$\mathrm{d}W = F\,\mathrm{d}s$	F	Kraft
		s	Weg
	$= p\,\mathrm{d}V$	p	Druck
		V	Volumen
Spannung	$\mathrm{d}U = E\,\mathrm{d}s$	E	elektr. Feldstärke
		s	Weg

Die Folge derartiger Definitionen ist das Auftauchen von Differentialquotienten in den Gleichungen, welche die funktionale Abhängigkeit verschiedener Größen beschreiben; viele grundlegende Gleichungen sind *Differentialgleichungen*. Wir führen nur ein elementares Beispiel zur Illustration an, nämlich die Differentialgleichung, der eine chemische Reaktion erster Ordnung folgt:

$$- \frac{\mathrm{d}c}{\mathrm{d}t} = kc. \qquad [125]$$

---

*) Die Interpretation des Differentialquotienten im rein geometrischen Sinne (Tangentenproblem) tritt, wie die Beispiele zeigen, dabei in den Hintergrund.

Darin ist c die Konzentration (oder die Stoffmenge), t die Zeit, k eine Konstante. Die Lösung einer solchen Gleichung besteht nicht (wie in der Algebra) in einem bestimmten, festen Wert c, sondern in einer *Funktion* $c = f(t)$, welche den zeitlichen Ablauf der Reaktion darstellt.

Gl. [125] gibt Gelegenheit daran zu erinnern, daß auch Gleichungen mit Differentialausdrücken dimensionsmäßig konsistent sein müssen. Die linke Seite hat die Dimension von c/t; daran ändern auch die Symbole „d" nichts, welche ja nur auf die Differenzbildung zweier Konzentrationen oder zweier Zeiten hinweisen. Folglich muß der Koeffizient k auf der rechten Seite die Dimension von $1/t$ haben. – Das gilt auch für die in Tab. 3.1. aufgeführten Beispiele. Der dimensionsmäßige Unterschied zwischen abgeleiteter Funktion und Ableitung ist ein deutlicher Hinweis darauf, daß der Differentialquotient in diesen Fällen alles andere als eine geometrische Bedeutung hat. Dies wiederum wurzelt in der Unmöglichkeit, die „Steigung" im funktionalen Zusammenhang zwischen irgend zwei Meßgrößen als Tangens eines geometrischen Winkels anzusprechen (vgl. Kap. 2.1.2.IV). Sie ist vielmehr eine dimensionsmäßig eigenständige, neue Größe.

Wir betonten bereits, daß man Differentiale nicht als „unendlich kleine" Größen bezeichnen sollte. Um das noch einmal von einem anderen Standpunkt zu begründen, betrachten wir zwei Beispiele aus der Tab. 3.1. Zuerst sei an ein Ion gedacht, welches (bei angelegter Spannung) in einem elektrolytischen Leiter zum elektrischen Strom beiträgt. Seine Geschwindigkeit, lernt man, sei bei konstanter Spannung konstant, also $ds/dt = \text{const}$. Würde man nun aber dt als „unendlich kleinen" Zeitabschnitt auffassen, ergäbe sich ein vielleicht überraschender, auf jeden Fall aber komplizierter Befund: Die Geschwindigkeit ist alles andere als konstant. Über kurze Zeiten führt das Ion nämlich wilde Zitterbewegungen aus (die thermische Bewegung), die sich erst bei der Beobachtung über längere Zeiten zur gleichförmigen Bewegung ausmitteln. Als zweites Beispiel sei die Dichte genannt. Wenn man in der Definition dm/dV zu „unendlich kleinen" Volumenelementen dV überginge, würde man teils den leeren Raum zwischen den Atomen, teils die Atome selbst erfassen. Eine Konstante ist die Dichte also selbst bei einer homogenen Substanz nur, wenn man in einem hinreichend groben Maßstab denkt. – Diese Beispiele mögen zeigen, daß es in den naturwissenschaftlichen Anwendungen besser ist, Differentiale als zwar allenfalls kleine, aber nicht zu kleine – ganz sicher nicht unendlich kleine – Größen aufzufassen.

3.2. Das Differenzieren

3.2.1. Die Differentiation analytisch gegebener Funktionen; allgemeine Differentiationsregeln

Die sehr häufig vorkommende Aufgabe, eine als Formel explizit gegebene Funktion zu differenzieren, wird man nicht jedesmal ab ovo, also durch Rückgriff auf die Definition des Differentialquotienten gemäß Gl. [119], lösen. Für die wichtigsten elementaren Funktionen kann man die Ergebnisse in Erinnerung behalten; kompliziertere Funktionen lassen sich leicht nach den Regeln der Differentialrechnung, die wir im folgenden erläutern werden, ableiten. Das Differenzieren ist so wichtig, daß man es handwerklich beherrschen sollte wie die vier Grundrechenarten.

(I) Ableitungen der elementaren Funktionen

Die Ableitungen einer Reihe einfacher Funktionen, wie sie sich nach der Definition Gl. [119] ausrechnen lassen, sind in Tab. 3.2.

Tab. 3.2. Ableitungen der elementaren Funktionen

$y = f(x)$	$\dfrac{\mathrm{d}y}{\mathrm{d}x} = f'(x)$	
c	0	(Konstante)
x^n	$n x^{n-1}$	(n beliebig reell)
Beispiele:		
$x^{-1} = \dfrac{1}{x}$	$-\dfrac{1}{x^2}$	
$x^{1/2} = \sqrt{x}$	$\dfrac{1}{2\sqrt{x}}$	
$\cos x$	$-\sin x$	
$\sin x$	$\cos x$	
$\tan x$	$\dfrac{1}{\cos^2 x}$	
$\arctan x$	$\dfrac{1}{1+x^2}$	
e^x	e^x	
a^x	$\ln a \cdot a^x$	($a > 0$)
$\ln x$	$\dfrac{1}{x}$	($x > 0$)
$^a\!\log x$	$\dfrac{1}{\ln a \cdot x}$	($x > 0$)

zusammengestellt. Man findet darin vorwiegend transzendente Funktionen; die algebraischen nämlich lassen sich alle, ausgehend von der in der Tabelle enthaltenen Potenzfunktion $y = x^n$, mit Hilfe der im nächsten Abschnitt erläuterten allgemeinen Rechenregeln differenzieren.

Die Tabelle zeigt einige bemerkenswerte Regelmäßigkeiten. Der Grad einer Potenzfunktion wird beim Differenzieren immer um Eins erniedrigt. Vom Vorzeichen abgesehen, sind Cosinus- und Sinus-Funktion Ableitungen voneinander. Die Exponentialfunktion e^x stimmt mit ihrer Ableitung überein; dies ist unter anderem ein Grund, die Basis e zu bevorzugen (→ Kap. 2.2.3.).

Man muß im Auge behalten, daß x die Variable ist, *nach der differenziert wird*. Deshalb kann man der Tabelle zwar die Ableitung von $y = \cos x$ entnehmen, aber nicht – wie es z. B. in Gl. [79b] steht – von $\cos kx$. Die Bezeichnung der Variablen ist im übrigen gleichgültig wie immer; differenziert man die Funktion $\cos \blacktriangledown$ nach der Variablen $\blacktriangledown$ (bildet also $d\cos \blacktriangledown / d \blacktriangledown$), so ergibt sich $-\sin \blacktriangledown$, gleichgültig, was $\blacktriangledown$ eigentlich für eine Größe ist.

(II) Allgemeine Differentiationsregeln

Hat man kompliziertere Funktionen als die in Tab. 3.2. aufgeführten zu differenzieren, so bedient man sich der folgenden Regeln. Sie alle lassen sich übrigens leicht auf Grund der Gl. [119] beweisen.

Unter $f(x)$ und $g(x)$ sind Funktionen zu verstehen, deren Ableitungen man kennt, entweder weil sie in Tab. 3.2. enthalten sind oder weil man sie mit Hilfe der genannten Regeln schon ausrechnen konnte.

(α) *Konstante Faktoren c* bleiben beim Differenzieren unverändert erhalten:

$$y = c \cdot f(x)$$

ergibt

$$\frac{dy}{dx} = c \cdot f'(x). \qquad [126]$$

(β) *Summen* zweier oder mehrerer Funktionen werden gliedweise differenziert:

$$y = f(x) \pm g(x)$$

ergibt

$$\frac{dy}{dx} = f'(x) \pm g'(x). \qquad [127]$$

13

(γ) *Produkte* zweier Funktionen werden wie folgt differenziert:

$$y = f(x) \cdot g(x)$$

ergibt

$$\frac{\mathrm{d}y}{\mathrm{d}x} = f'(x) \cdot g(x) + f(x) \cdot g'(x).$$ [128]

(δ) *Quotienten* zweier Funktionen werden wie folgt differenziert:

$$y = \frac{f(x)}{g(x)}$$

ergibt

$$\frac{\mathrm{d}y}{\mathrm{d}x} = \frac{f'(x) \cdot g(x) - f(x) \cdot g'(x)}{[g(x)]^2}.$$ [129]

(Merke: Die Zählerfunktion wird zuerst differenziert.)

(ε) *Zusammengesetzte* (mittelbare, geschachtelte) *Funktionen* werden nach der *Kettenregel* differenziert:

$$y = f(\xi) \quad \text{mit} \quad \xi = g(x), \quad \text{also}$$

$$y = f\{g(x)\},$$

ergibt

$$\frac{\mathrm{d}y}{\mathrm{d}x} = f'(\xi) \cdot g'(x), \quad \text{oder deutlicher:}$$ [130]

$$\frac{\mathrm{d}y}{\mathrm{d}x} = \frac{\mathrm{d}y}{\mathrm{d}\xi} \cdot \frac{\mathrm{d}\xi}{\mathrm{d}x}.$$

Man betrachtet zunächst die eingeschachtelte Funktion ξ als Variable, nach der differenziert wird – das gibt den ersten Faktor. Dann wird die Funktion $\xi = g(x)$ „nachdifferenziert" – das gibt den zweiten Faktor. Bei mehrfacher Einschachtelung wird sukzessive so verfahren.

Beispiele: Die folgenden Differentialquotienten sind mit Hilfe von Tab. 3.2. und den vorstehenden Regeln berechnet.

$$y = -2x^2 \qquad \frac{\mathrm{d}y}{\mathrm{d}x} = -4x$$

$$y = \tan x - x \qquad \frac{\mathrm{d}y}{\mathrm{d}x} = \frac{1}{\cos^2 x} - 1 = \tan^2 x$$

$$y = x^2 \mathrm{e}^x \qquad \frac{\mathrm{d}y}{\mathrm{d}x} = (2 + x)x\mathrm{e}^x$$

$$y = \frac{x^2}{\mathrm{e}^x}$$

nach der Quotientenregel Gl.[129]

$$\frac{\mathrm{d}y}{\mathrm{d}x} = \frac{2x\mathrm{e}^x - x^2\mathrm{e}^x}{[\mathrm{e}^x]^2} = (2 - x)x\mathrm{e}^{-x}$$

$$y = \frac{\sin x}{\cos x}$$

dergl. nach Produktregel, da $y = x^2 e^{-x}$ ist.

nach der Quotientenregel

$$\frac{dy}{dx} = \frac{\cos x \cdot \cos x - (-\sin x) \cdot \sin x}{\cos^2 x} = \frac{1}{\cos^2 x}$$

(wegen Pythagoras Gl. [87]); in Übereinstimmung mit Tab. 3.2. für $y = \tan x$.

$$y = \frac{ax + b}{cx + d}$$

$$\frac{dy}{dx} = \frac{ad - bc}{c^2 x^2 + 2cdx + d^2}$$

$$y = \sin^2 x$$

Produktregel, Gl. [128]:

$y = \sin x \cdot \sin x$ ergibt

$$\frac{dy}{dx} = \cos x \cdot \sin x + \sin x \cdot \cos x$$
$$= 2 \sin x \cdot \cos x.$$

Dergl. nach Kettenregel mit $y = \xi^2$; $\xi = \sin x$:

$$\frac{dy}{dx} = 2\xi \cdot \cos x$$

$$y = \cos kx$$

Nach Kettenregel mit $y = \cos \xi$; $\xi = kx$:

$$\frac{dy}{dx} = -k \sin kx$$

$$y = e^{-x^2}$$

Nach Kettenregel mit $y = e^{\xi}$; $\xi = -x^2$:

$$\frac{dy}{dx} = e^{\xi} \cdot (-2x) = -2x e^{-x^2}$$

$$y = \cot x$$

$\cot x = 1/\tan x$! Daher Kettenregel mit $y = 1/\xi$, $\xi = \tan x$:

$$\frac{dy}{dx} = -\frac{1}{\xi^2} \cdot \frac{1}{\cos^2 x} = -\frac{1}{\sin^2 x}$$

$$y = \sqrt{1 + \sin(1 + x^2)}$$

Nach Kettenregel in 3 Schritten (I, II, III):

$$\frac{dy}{dx} = -\underbrace{\frac{1}{2\sqrt{1 + \sin(1 + x^2)}}}_{\text{I}} \cdot \underbrace{\cos(1 + x^2)}_{\text{II}} \cdot \underbrace{2x}_{\text{III}}$$

15

(III) Differenzieren implizit gegebener Funktionen

Manchmal sind Funktionen nicht explizit gegeben, sondern in einer – im Vergleich zum allgemeinen Fall Gl. [65] freilich spezialisierten – impliziten Form*)

$$g(y) = f(x),\qquad\qquad [131a]$$

die alle y-haltigen Ausdrücke auf der einen, alle x-haltigen auf der anderen Seite enthält. Wenn man eine Gleichung auf beiden Seiten nach der *gleichen* Variablen differenziert, bleibt sie richtig. Wir differenzieren also beiderseits nach x, d. h. wenden im Sinne von Gl. [122a] auf beide Funktionen den *gleichen* Operator d/dx an:

$$\frac{\mathrm{d}}{\mathrm{d}x}\,g(y) = \frac{\mathrm{d}}{\mathrm{d}x}\,f(x).$$

Während die rechte Seite nichts anderes als $f'(x)$ ist, muß die linke Seite als zusammengesetzte Funktion nach der Kettenregel behandelt werden (denn man differenziert $g(y)$ nach einer anderen als der im Argument genannten Variablen, nämlich nach x!). Das ergibt:

$$\frac{\mathrm{d}g(y)}{\mathrm{d}y}\cdot\frac{\mathrm{d}y}{\mathrm{d}x} = \frac{\mathrm{d}f(x)}{\mathrm{d}x}.\qquad\qquad [131b]$$

Aus dieser Beziehung kann man dy/dx herausnehmen, also das Ergebnis, welches man erhalten hätte, falls die Funktion [131a] in *expliziter* Form vorgelegen hätte – was aber gar nicht der Fall ist.

Beispiel: Die Funktion sei implizite durch

$$y^2 + y = x^2$$

gegeben. Gl. [131b] ergibt hier

$$(2y + 1)\,\frac{\mathrm{d}y}{\mathrm{d}x} = 2x,$$

also ist

$$\frac{\mathrm{d}y}{\mathrm{d}x} = \frac{2x}{2y + 1}.$$

Um auf der rechten Seite nur noch die Variable x stehen zu haben, muß man die implizite Gleichung nach y auflösen, was im vorliegenden Beispiel – aber natürlich nicht immer – möglich ist. Man kann nachprüfen, daß sich dasselbe

---

*) Zur Differentiation der allgemeinen impliziten Form $F(x, y) = 0 \rightarrow$ Kap. 4.2.I.

Ergebnis findet, wenn man die Funktion erst in explizite Form bringt und dann wie gewöhnlich differenziert.

Das implizite Differenzieren bringt gelegentlich Rechenvorteile, insbesondere wenn die Funktion in expliziter Form komplizierter als in impliziter ist.

Spezielle Anwendung findet dieses allgemeine Verfahren in der Form des „logarithmischen Differenzierens". Dabei liegt die Funktion zwar in expliziter Form vor, wird aber dennoch in impliziter Form differenziert. Man logarithmiert sie dazu beiderseitig, geht also von

$$y = f(x)$$

über auf

$$\ln y = \ln f(x),$$

welches nach Gl. [131b] zu

$$\frac{1}{y} \cdot \frac{dy}{dx} = \frac{d}{dx} \ln f(x)$$

abgeleitet wird. Offenbar ist das Verfahren immer dann nützlich, wenn sich die logarithmierte Funktion leicht nach x differenzieren läßt, so etwa, wenn $f(x)$ in Exponentialform aus zwei Teilfunktionen $g(x)$ und $h(x)$ zusammengesetzt ist: $f(x) = g(x)^{h(x)}$.

Beispiel: Daß in Tab. 3.2. die Ableitung von $y = x^n$ für „n beliebig reell" angegeben ist, läßt sich nicht mit dem binomischen Lehrsatz beweisen, der ja nur für ganze n gilt. – Wir differenzieren logarithmisch: Das gegebene

$$y = x^n$$

geht über in

$$\ln y = n \cdot \ln x,$$

welches nach Gl. [131b] zu

$$\frac{1}{y} \cdot \frac{dy}{dx} = n \cdot \frac{1}{x}$$

abgeleitet wird. Indem man y von oben einsetzt, erhält man

$$\frac{dy}{dx} = nx^{n-1}.$$

Über n war nur vorauszusetzen, daß es eine Konstante ist. Somit ist diese Ableitung für beliebige reelle n statthaft.

(IV) Differenzieren der Umkehrfunktion

Falls $y = f(x)$ eine streng monotone, stetige Funktion ist, bleibt nicht nur – wie definiert – das Differential dx stets von Null verschieden, sondern auch das Differential dy. *Unter dieser Voraussetzung* kann man den Differentialquotienten umkehren:

$$\frac{dy}{dx} = \frac{1}{dx/dy},\qquad\qquad [132a]$$

und die beiden Differentialquotienten wie folgt interpretieren: Es ist dy/d$x = f'(x)$ die Ableitung der gegebenen Funktion, weiter ist dx/d$y = \varphi'(y)$ die Ableitung der Umkehrfunktion, die man durch Auflösen nach x ohne Umbenennung der Variablen in der Form Gl. [63a], also $x = \varphi(y)$, bekommt. Man kann daher Gl. [132a] auch schreiben als

$$f'(x) = \frac{1}{\varphi'(y)}.\qquad\qquad [132b]$$

Beispiel: Gesucht wird die Ableitung von $y = f(x) = \arctan x$. Es handelt sich um die Umkehrfunktion von $x = \varphi(y) = \tan y$ (ohne Umbenennung der Variablen), deren Ableitung wir als bekannt annehmen wollen ($\rightarrow$ Tab. 3.2.):

$$\frac{d\varphi(y)}{dy} = \frac{1}{\cos^2 y}.$$

Also ist

$$\frac{df(x)}{dx} = \cos^2 y = \frac{1}{1 + \tan^2 y} = \frac{1}{1 + x^2}.$$

(Dabei wurde die Umformung

$$\cos^2 y = \frac{\cos^2 y}{1} = \frac{\cos^2 y}{\cos^2 y + \sin^2 y} = \frac{1}{1 + \tan^2 y}$$

benutzt.)

(V) Differenzieren einer in Parameterdarstellung gegebenen Funktion

Wir betrachten noch einmal die Kettenregel, Gl. [130], und wollen annehmen, daß die dort vorkommenden Ableitungen gemäß Gl. [132a] umkehrbar seien. Dann lautet sie:

$$\frac{dy}{dx} = \frac{dy/d\xi}{dx/d\xi}.$$

Der Differentialquotient im Zähler ist die Ableitung der Funktion $y = f(\xi)$, der im Nenner die Ableitung der Umkehrfunktion zu $\xi = g(x)$, die mit $x = \gamma(\xi)$ bezeichnet sei. Zusammengenommen kann man die beiden Funktionen x und y als Parameterdarstellung einer Funktion (hier mit ξ als Parameter) auffassen, wie man durch Vergleich mit Gl. [66] sieht. Indem wir die dortigen Bezeichnungen verwenden, fassen wir als Ergebnis zusammen:

18

Ist die Funktion in Parameterdarstellung

$$x = f(t) \quad \text{und} \quad y = g(t)$$

gegeben, so ist der Differentialquotient:

$$\frac{dy}{dx} = \frac{dy/dt}{dx/dt}.$$ [133]

Beispiel: Sei $x = c_1 t$, $y = c_2 \cos \omega t$, wo c_1, c_2 und ω Konstanten sind. Es ist

$$\frac{dx}{dt} = c_1, \quad \frac{dy}{dt} = -c_2 \omega \sin \omega t,$$

also ist nach Gl. [133]

$$\frac{dy}{dx} = -\frac{c_2 \omega}{c_1} \sin \omega t = -\frac{c_2 \omega}{c_1} \sin \frac{\omega}{c_1} x.$$

Man hätte (was in diesem Fall, jedoch nicht generell, möglich ist) die Parameterdarstellung auch zu

$$y = c_2 \cos \frac{\omega}{c_1} x$$

zusammenfassen können. Die Ableitung führt natürlich zum gleichen Ergebnis dy/dx.

(VI) „Differenzieren" unstetiger Funktionen; ein spezieller Fall

In Kap. 2.2.4. sind zwei spezielle, an einer Stelle unstetige Funktionen eingeführt worden, die Einschaltfunktion $S(x)$ und die δ-Funktion $\delta(x)$. Nach den Bemerkungen von Kap. 3.1.1.II sind sie natürlich an der Unstetigkeitsstelle nicht differenzierbar. Nun kann man aber beide Funktionen aus stetigen entstanden denken: $S(x)$ aus einer verschliffenen Stufe, $\delta(x)$ aus einer Glockenkurve. Beide kann man überdies so wählen, daß die Glocke gerade die Ableitung der Stufe darstellt. Läßt man nun die Breite der verschliffenen Stufe und die der Glocke gegen Null schrumpfen – und zwar so, daß stets die zweite Kurve die Ableitung der ersten bleibt –, kommt man zu $S(x)$ und $\delta(x)$. Im Sinne dieser Prozedur pflegt man die δ-Funktion als Ableitung der Sprungfunktion $S(x)$ anzusehen:

$$\frac{dS(x)}{dx} = \delta(x).$$ [134a]

Dementsprechend schreibt man für die Abschaltfunktion $\tilde{S}(x)$:

$$\frac{d\tilde{S}(x)}{dx} = -\delta(x).$$ [134b]

3.2.2. Die Differentiation numerisch gegebener Funktionen

Wenn eine Funktion in Form einer Wertetabelle gegeben ist, läßt sie sich naturgemäß nur näherungsweise differenzieren – je dichter die Tabellenwerte liegen, desto genauer.

Wir gehen davon aus, daß die x-Werte der Tabelle in gleichen Abständen aufeinander folgen. Zwischen je zwei solchen Werten, x_n und x_{n+1}, zu denen die Funktionswerte y_n und y_{n+1} gehören, denken wir uns in der graphischen Darstellung eine Gerade (eine Sekante) gezogen und berechnen deren Steigungsmaß, nämlich

$$\frac{y_{n+1} - y_n}{x_{n+1} - x_n}.$$

Welcher Stelle, x_n oder x_{n+1}, soll man nun diesen Wert als numerischen Differentialquotienten zuschreiben? Keiner von beiden, sondern der Stelle in der Mitte zwischen x_n und x_{n+1}*). Es ist also bei numerischer Auswertung

$$\frac{dy}{dx} \approx \frac{y_{n+1} - y_n}{x_{n+1} - x_n} \quad \text{an der Stelle} \quad x = \frac{x_{n+1} + x_n}{2} \qquad [135]$$

Beispiel:

x	y	$y_{n+1} - y_n$	$\frac{dy}{dx}$	bei	x
0,0	0,00				
		0,08	0,8		0,05
0,1	0,08				
		0,09	0,9		0,15
0,2	0,17				
		0,10	1,0		0,25
0,3	0,27				

Die Zuordnung der numerischen Steigung genau zur Mitte des Intervalls hat außer einem ästhetischen auch einen mathematischen Grund. Wir denken uns die beiden Punkte (x_n, y_n) und (x_{n+1}, y_{n+1}) in einer graphischen Darstel-

---

*) Daß die Zuordnung zu den Endpunkten des Intervalls, also x_n oder x_{n+1}, nicht sehr befriedigt, weiß man z. B. von manchen volkswirtschaftlichen Daten, bei denen notwendigerweise so verfahren werden muß. So werden Änderungsraten einer Größe y (wo die x also bestimmte Vergleichzeitpunkte bedeuten) gewöhnlich auf den Zeitpunkt x_{n+1} bezogen, zu dem man die Änderung $y_{n+1} - y_n$ feststellt, nicht aber auf die zeitlich schon zurückliegende Intervallmitte.

lung (Abb. 3.3.) durch irgendeine ganze rationale Funktion 2. Grades, also eine allgemeine Parabel $y = a_2 x^2 + a_1 x + a_0$*), verbunden (die nichts mit der tabellierten Funktion zu tun hat). Die Sekante zwischen den beiden Punkten (mit der bereits numerisch bestimmten Steigung nach Gl. [135]) verschieben wir so, daß sie zur Tangente an die Parabel wird. Wie auch immer die Koeffizienten der Parabel im einzelnen lauten – stets liegt der Berührungspunkt der Tangente genau in der Mitte des Intervalls $x_n \ldots x_{n+1}$. Das bedeutet: Die nach Gl. [135] berechneten Differentialquotienten sind nicht nur in linearer, sondern sogar in quadratischer Approximation zutreffend.

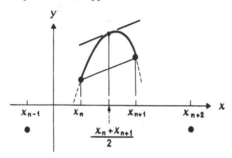

Abb. 3.3. Numerische Differentiation: Zuordnung des numerischen Differentialquotienten zur Intervallmitte. Die zwei herausgegriffenen Funktionswerte für x_n und x_{n+1} sind durch eine beliebige Parabel verbunden

3.2.3. Die Differentiation graphisch gegebener Funktionen

(I) Ableitung in einer graphischen Darstellung

Die Funktion sei als Kurvenzug in kartesischen Koordinaten x, y gegeben.

Manchmal will man den Verlauf der Ableitung nur qualitativ kennenlernen. Dann läßt sich die Ableitung leicht zeichnen, indem man sich nur vor Augen hält, daß sie nichts anderes als die lokale Steigung der Ausgangskurve – mit positivem oder negativem Vorzeichen! – darstellt. Wo die Ausgangskurve waagrechte Tangenten hat (z.B. Maxima, Minima), ist die Ableitung Null; je stärker jene steigt (oder fällt) desto größer ist der positive (oder negative) Wert der Ableitung.

Die Ableitung läßt sich auch quantitativ mit einiger Genauigkeit mittels Bleistift und Lineal finden. Man zeichnet an verschiedenen Stellen möglichst genau Tangenten. Für sie gilt Gl. [123a]. Man be-

---

*) Da zwei Punkte vorgegeben sind, ist von den drei Koeffizienten a_n natürlich nur *einer beliebig* wählbar.

rechnet demgemäß die Steigungsmaße $\Delta y_t/\Delta x$ aus Steigungsdreiecken und überträgt sie dann in ein zweites Diagramm mit den Achsen dy/dx und x. Zweckmäßigerweise wählt man für x in beiden Darstellungen die gleiche Achsenteilung (Abb. 3.4.).

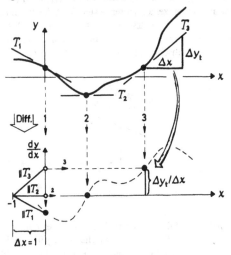

Abb. 3.4. Graphische Differentiation. Rechts oben Tangente mit Steigungsdreieck, links unten Hilfskonstruktion aus Parallelen zu den jeweiligen Tangenten

Die Berechnung des Quotienten $\Delta y_t/\Delta x$ kann man sich unter Umständen ersparen, indem man Steigungsdreiecke der Seitenlänge $\Delta x = 1$ (in der entsprechenden Maßeinheit) zeichnet und die dy/dx-Skala so wählt, daß sie die gleiche Teilung wie die y-Skala hat. Dann genügt es nämlich, die Längen Δy_t einfach in das zweite Diagramm zu übertragen. In Abb. 3.4. ist ein geeignetes zeichnerisches Verfahren angedeutet. Zu den Tangenten sind Parallelen durch den Punkt $x = -1$ des zweiten Diagramms gezogen; der Abschnitt, den sie auf der dy/dx-Achse bilden, wird hin zu dem x-Wert, bei dem die betreffende Tangente angelegt wurde, übertragen.

Abb. 3.5. Fixierung des Berührungspunktes der vorgegebenen Tangente durch Mittelpunkte paralleler Sekanten

22

Falls sich der Berührungspunkt einer schon gezeichneten Tangente nicht zweifelsfrei lokalisieren läßt, kann man die in Abb. 3.3. skizzierte Eigenschaft zumindest als näherungsweise zutreffend annehmen und wie folgt verfahren: Man zeichnet zwei oder mehrere zur Tangente parallele Sekanten (Abb. 3.5.), bestimmt ihre Mitten und verlängert entlang den Mitten geradlinig bis zum Schnitt mit der Kurve. Das ist der richtige Berührungspunkt der Tangente.

(II) Geräte, die die Ableitung erzeugen und registrieren

Viele registrierende Meßgeräte protokollieren einen funktionalen Zusammenhang direkt in graphischer Form. Mitunter wird nicht die Funktion selbst, sondern ihre Ableitung aufgezeichnet. Dazu wird die Funktion schon im Gerät mit elektronischen Hilfsmitteln differenziert.

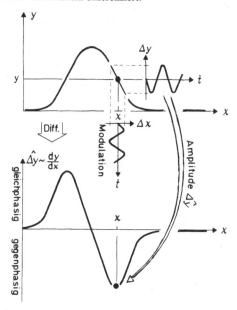

Abb. 3.6. Elektronische Differentiation einer Kurve durch zusätzliche Modulation

Wir skizzieren ein gängiges Prinzip, bei dem es sich um nichts anderes als eine technische Realisierung der Definition des Differentialquotienten – genauer der Gl. [123b] – handelt. Die Größe x läßt man ein wenig um den eingestellten Wert „wackeln" (Modulation mit einer kleinen Amplitude, Abb. 3.6.). Dadurch wird auch y moduliert. Das Gerät verarbeitet und registriert nun nicht den mittleren Wert von y, sondern nur seine Modulationsamplitude $\Delta\hat{y}$, welche proportional der Ableitung ist. Das Vorzeichen wird durch einen elektronischen Vergleich der Phasen bestimmt: sind x- und y-Modulation gleichphasig, so ist das Vorzeichen der Ableitung positiv (Anstieg der Ausgangsfunktion), sind sie gegenphasig, ist es negativ (Abfall).

Das Beispiel möge zeigen, daß das Differenzieren aus praktischer Sicht eine recht triviale Operation ist.

3.3. Höhere Ableitungen

(I) Formales

Die Funktion $f'(x)$ kann man – ungeachtet ihrer Herkunft als Ableitung der Funktion $f(x)$ – wie jede andere Funktion betrachten, sie also (sofern das möglich ist) erneut differenzieren*). In Bezug auf die Ausgangsfunktion $f(x)$ spricht man nun von der zweiten Ableitung. Allgemein schreibt man bei Fortsetzung des Verfahrens:

$$\text{Ausgangsfunktion} \quad y = f(x),$$

$$\text{1. Ableitung} \quad \frac{dy}{dx} = f'(x) = y',$$

$$\text{2. Ableitung} \quad \frac{d^2y}{dx^2} = f''(x) = y''**), \qquad [136]$$

$$\vdots$$

$$\text{n-te Ableitung} \quad \frac{d^ny}{dx^n} = f^{(n)}(x) = y^{(n)}.$$

Beispiel: Polynom n-ten Grades.

$$y = a_n x^n + \ldots + a_2 x^2 + a_1 x + a_0,$$

$$\frac{dy}{dx} = a_n n x^{n-1} + \ldots + 2a_2 x + a_1,$$

$$\frac{d^2y}{dx^2} = a_n n(n-1)x^{n-2} \ldots + 2a_2.$$

Der Grad des Polynoms wird bei jeder Ableitung um Eins erniedrigt. Die n-te Ableitung ist eine Konstante, alle höheren Ableitungen sind dann Null.

---

*) Die Ableitung einer differenzierbaren Funktion braucht nicht wieder differenzierbar, nicht einmal stetig zu sein!

**) „d zwei y nach dx Quadrat", auch: Ableitung 2. Ordnung.

Während die Bezeichnung $f''(x)$ keiner Erläuterung bedarf, ist eine Bemerkung zur Schreibweise des entsprechenden Differentialquotienten angebracht. Wir erinnern an die Auffassung als Differentialoperator, wonach

$$f'(x) = \frac{\mathrm{d}}{\mathrm{d}x}f(x)$$

ist. Dementsprechend ist die Ableitung von $f'(x)$:

$$f''(x) = \frac{\mathrm{d}}{\mathrm{d}x}f'(x).$$

Setzt man die erste in die zweite Gleichung ein, so ist

$$f''(x) = \frac{\mathrm{d}}{\mathrm{d}x}\left[\frac{\mathrm{d}}{\mathrm{d}x}f(x)\right].$$

Man pflegt im allgemeinen die aufeinanderfolgende Anwendung mehrerer Operatoren A, B ... auf eine Funktion wie folgt zu notieren: Anwendung von A auf $f(x)$ ergibt

$$g(x) = \mathbf{A}f(x),$$

Anwendung von B auf die neue Funktion $g(x)$ ergibt

$$h(x) = \mathbf{B}g(x) = \mathbf{B}[\mathbf{A}f(x)] = \mathbf{BA}f(x).$$

Die Anwendung von A und B (in dieser Reihenfolge) wird durch ein einziges Symbol C abgekürzt, welches das „Produkt" der Operatoren A und B darstellt:

$$\mathbf{C} = \mathbf{BA}.$$

Also ist

$$h(x) = \mathbf{C}f(x).$$

Man schreibt „Produkte" von Operatoren in der üblichen Weise, aber sie haben natürlich mit den Produkten gewöhnlicher Zahlen nur den Namen gemein (z. B. ist BA im allgemeinen nicht dasselbe wie AB, während das Produkt von Zahlen kommutativ ist).

Die zweimalige Anwendung des Operators d/dx führt formal zu einem Operatorprodukt, nämlich

$$f''(x) = \frac{\mathrm{d}}{\mathrm{d}x}\frac{\mathrm{d}}{\mathrm{d}x}f(x) = \left(\frac{\mathrm{d}}{\mathrm{d}x}\right)^2 f(x).$$

Wir lassen noch die Klammer um das Operatorsymbol weg und schreiben einfach

$$f''(x) = \frac{\mathrm{d}^2}{\mathrm{d}x^2}f(x). \qquad [137a]$$

25

Nach Ersetzen von $f(x)$ durch y wird daraus die in Gl. [136] aufgeführte Form des zweiten Differentialquotienten,

$$f''(x) = \frac{d^2y}{dx^2}, \qquad [137b]$$

die, wenn auch äußerlich weniger deutlich, doch den gleichen Sachverhalt wie die Form Gl. [137a] ausdrückt.

Man nennt Zähler und Nenner der höheren Differentialquotienten in Anlehnung an den Gebrauch beim ersten Differentialquotienten wieder Differentiale. Also ist dx^2 das zweite Differential der unabhängigen Variablen x, welches genauer als $(dx)^2$ zu verstehen ist. Darin ist dx wieder eine beliebige, von Null verschiedene Änderung der Variablen x. Das zweite Differential der Funktion $y = f(x)$ lautet d^2y. Es ist wohlgemerkt nicht das gleiche wie $(dy)^2$, sondern hat eine andere, weniger anschauliche Bedeutung. Die höheren Differentiale $d^n y$ lassen sich überhaupt nur unter Schwierigkeiten anschaulich interpretieren, so daß man sie am besten als lediglich formale Zeichen ansieht, die

$$d^n y = f^{(n)}(x)\, dx^n \qquad [138]$$

bedeuten. – In der vorstehenden Form werden häufig die Ergebnisse mehrfachen Differenzierens dargeboten. *Beispiel:*

$$y = \cos x,$$
$$dy = -\sin x\, dx,$$
$$d^2 y = -\cos x\, dx^2 \text{ etc.}$$

(II) Einiges über die 2. Ableitung

Um ein konkretes Beispiel vor Augen zu haben, betrachten wir, wie der Ort s beispielsweise eines Fahrzeugs sich mit der Zeit t ändert, was sich in einer Art graphischem Fahrplan (Abb. 3.7.) darstellen läßt. Die 1. Ableitung, ds/dt, ist die Geschwindigkeit, die 2. Ableitung, d^2s/dt^2, die Beschleunigung des Fahrzeugs (negative Beschleunigung = Verzögerung). Diese beiden Ableitungen haben also eine präzise, auch sinnlich erfahrbare physikalische Bedeutung. Von den höheren Ableitungen kann man das nicht sagen.

Die 2. Ableitung läßt sich geometrisch wie folgt charakterisieren: Wenn sie Null ist, ist $ds/dt = $ const, die Weg–Zeit-Kurve also eine Gerade. Ist dagegen $d^2s/dt^2 > 0$ (oder < 0), so steigt ds/dt (oder sinkt), und die Weg–Zeit-Kurve ist nach oben (oder unten) gekrümmt.

Das gilt generell: $d^2f(x)/dx^2$ *ist ein Maß für die Krümmung der Kurve $f(x)$*.

In Abb. 3.7. ist eine zweite Weg–Zeit-Kurve angedeutet, die um eine konstante Strecke c in s-Richtung verschoben ist (anderer Nullpunkt der Weg-Skala). Sie ergibt die gleiche 1. (und 2.) Ableitung, weil

$$\frac{d(s+c)}{dt} = \frac{ds}{dt} + \frac{dc}{dt} = \frac{ds}{dt} \quad \text{(wegen } c = \text{const)}$$

ist. Wie man sieht, ist also die Umkehrung der Differentiation (hier: der Schluß von ds/dt auf $s(t)$) nicht eindeutig möglich.

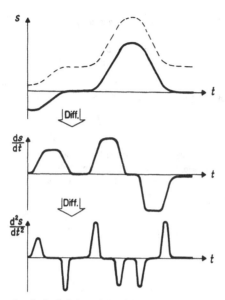

Abb. 3.7. Weg, Geschwindigkeit und Beschleunigung in Abhängigkeit von der Zeit: Beispiel für mehrfache Ableitung

3.4. Einige praktische Anwendungen der Differentialrechnung

3.4.1. Lineare Approximation von Funktionen und Fehlerdiskussion

(I) Allgemeine Bemerkungen

Häufig ist eine Variable nur in einem kleinen Variationsbereich dem Experiment zugänglich. Dann ist es zweckmäßig, einen möglicherweise komplizierteren funktionalen Zusammenhang durch lineare Approximation für den interessierenden Bereich leichter handhabbar zu machen.

Nach Kap. 3.1.1. *läßt sich jede differenzierbare Funktion an einer beliebig zu wählenden Stelle x_1 linear approximieren.* Wir fassen dieses Ergebnis noch einmal in folgender Formulierung zusammen:

$$y \approx f(x_1) + \frac{\mathrm{d}f(x_1)}{\mathrm{d}x}(x - x_1). \qquad [139]$$

27

Einige Beispiele wurden bereits früher aufgeführt, ohne eine Herleitung anzugeben, etwa

$$\sin kx \approx kx \quad \text{um} \quad x_1 = 0,$$
$$e^{kx} \approx 1 + kx \quad \text{um} \quad x_1 = 0.$$

Man bestätigt ihre Richtigkeit leicht nach Gl. [139]. – Ein weiteres *Beispiel.* Die in Abb. 1.30. ausgezogene Kurve ist das Bild der Funktion

$$E_{kin} = mc^2 \left(\frac{1}{\sqrt{1 - v^2/c^2}} - 1 \right)$$

(m und c sind Konstanten, v ist variabel). Wie lautet dieser Zusammenhang näherungsweise für kleine Geschwindigkeiten v? Wir setzen zur Abkürzung $v^2/c^2 = x$. Wir entwickeln gemäß Gl. [139] nach x, und zwar um $x_1 = 0$. Dort ist $E_{kin}(0) = 0$. Die 1. Ableitung ist

$$\frac{dE_{kin}}{dx} = \frac{mc^2}{2\sqrt{(1-x)^3}}, \quad \text{also} \quad \frac{dE_{kin}(0)}{dx} = \frac{mc^2}{2}.$$

Folglich ist approximativ

$$E_{kin} \approx \frac{mc^2}{2} x = \frac{m}{2} v^2.$$

Die „klassische" Formel für die kinetische Energie ist demnach die Näherung der obigen „relativistischen" für kleine Geschwindigkeiten.

(II) Fehlerfortpflanzung

Der typische Fall nur kleiner Variationen einer Variablen x sind ihre Schwankungen infolge von Meßfehlern (jedenfalls strebt man an, sie klein zu halten). Die in Kap. 1.2.2. nur angedeutete Frage der Fehlerfortpflanzung läßt sich deshalb sehr einfach im Rahmen einer linearen Approximation behandeln (→ dazu auch Kap. 4.2. III).

Die Situation ist folgende: x ist eine Meßgröße mit Fehler, den wir nach den früher genannten Gesichtspunkten zusammenfassend als Δx angeben; $y = f(x)$ ist eine aus x zu *berechnende* (in diesem Zusammenhang also nicht eine unmittelbar gemessene) Größe. Wie schlägt der Fehler Δx auf das Ergebnis y durch, wie groß ist also Δy?

Wir können die Frage an Hand von Gl. [139] beantworten, indem wir x_1 als Mittelwert der Meßgröße betrachten, $x - x_1$ als ihren Fehler Δx, ferner $y - f(x_1)$ als gesuchten Fehler Δy. Einfacher ist es, von der gleichbedeutenden Gl. [124] auszugehen: *Der Fehler Δx wird als vorgegebenes Differential dx angesehen, der Fehler Δy als das daraus folgende Differential $df(x)$.* Also ist

$$\Delta y = f'(x) \Delta x. \qquad [140]$$

28

Beispiel: In einem konstanten Widerstand R wird die elektrische Leistung N verbraucht, wenn der Strom I fließt:

$$N = RI^2.$$

Der Fehler ist

$$\Delta N = 2RI\,\Delta I$$

oder nach Division durch N

$$\frac{\Delta N}{N} = 2\,\frac{\Delta I}{I}.$$

Der relative Fehler von N ist also doppelt so groß wie der relative Fehler von I.

Allgemein gilt für Größen y, die durch eine Beziehung der Form

$$y = cx^n \quad (c = \text{const}) \qquad [141a]$$

aus x berechnet werden, daß ihr *relativer Fehler*

$$\frac{\Delta y}{y} = n\,\frac{\Delta x}{x} \qquad [141b]$$

ist.

3.4.2. Ableitungen als Hilfsmittel der Kurvendiskussion

Das Kurvenbild einer Funktion $y = f(x)$ läßt sich nach den in Kap. 2.2. gegebenen Anhaltspunkten in großen Zügen zeichnen. Um den Funktionsverlauf weiter aufzuklären, erweisen sich die Ableitungen der Funktion – vor allem die 1. Ableitung – als schätzbares Hilfsmittel. Wir stellen zunächst einen grundlegenden, die Anwendungen rechtfertigenden Satz voran.

(I) Der Mittelwertsatz der Differentialrechnung

Dieser Satz ist – wie schon die Sätze über stetige Funktionen – im Falle der graphischen Darstellbarkeit der Funktion unmittelbar evident, hat aber tiefergehende Bedeutung.

Die Funktion $y = f(x)$ sei in einem abgeschlossenen Intervall $\langle x_1, x_2 \rangle$ stetig und in seinem Inneren überall differenzierbar. Dann gibt es im Inneren des Intervalls mindestens eine Stelle x_3, an der

$$\frac{\mathrm{d}f(x_3)}{\mathrm{d}x} = \frac{f(x_2) - f(x_1)}{x_2 - x_1} \qquad [142]$$

ist.

Den Inhalt des Mittelwertsatzes veranschaulicht Abb. 3.8.a: Wenigstens einmal (in der Abbildung zweimal) findet man eine Tangentensteigung, die mit der Steigung der Sekante zwischen den Endpunkten übereinstimmt.

Der Spezialfall, daß $f(x_1) = f(x_2) = 0$ ist (Abb. 3.8.b), wird als *Satz von Rolle* bezeichnet:

Unter den angegebenen Voraussetzungen findet man zwischen zwei Nullstellen der Funktion wenigstens eine Stelle mit $dy/dx = 0$ (d. h. mit waagrechter Tangente).

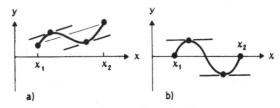

a)   b)

Abb. 3.8. Zum Mittelwertssatz der Differentialrechnung. a) Allgemeiner Fall; b) spezieller Fall (Satz von Rolle)

(II) Extremwerte von Kurven

Eine waagrechte Tangente findet man notwendig bei allen Extremwerten der Funktion, also ihren Maxima oder Minima*). Deren Lage läßt sich deshalb mit Hilfe der Ableitung ausrechnen. Aus der Forderung

$$\frac{dy}{dx} = 0 \qquad [143]$$

bestimmt sich der x-Wert des Extremums. Diesen setzt man in $y = f(x)$ ein und bekommt so auch den zugehörigen Funktionswert.

Die Gl. [143] ist offensichtlich nur eine notwendige, aber keine hinreichende Bedingung für das Auftreten eines Extremwerts. Die Funktion kann nämlich auch (wie in Abb. 3.9.) waagrechte Tangenten haben, ohne dabei Extremwerte anzunehmen (Sattelpunkte). Um den Kurvenverlauf zu zeichnen, ist auch das eine nützliche Information.

---

*) Es handelt sich hier um *relative* Extremwerte. Ein relatives Maximum liegt vor, wenn sich in einer ε-Umgebung dieser Stelle keine größeren Funktionswerte finden lassen. Entsprechendes gilt für ein relatives Minimum. *Absolute* Extremwerte sind die in einem Intervall überhaupt vorkommenden größten oder kleinsten Funktionswerte. – Übrigens muß man die Aussage über die waagrechte Tangente natürlich an die Bedingung knüpfen, daß die Funktion differenzierbar sei; das Minimum der in Abb. 3.2. dargestellten Funktion hat nicht notwendig eine waagrechte Tangente!

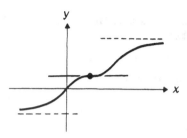

Abb. 3.9. Funktion mit Sattelpunkt und verschwindender Ableitung im Unendlichen

Bei einer nach Gl. [143] berechneten Stelle handelt es sich jedenfalls dann um einen Extremwert, wenn die Kurve dort auch gekrümmt ist, wenn also $d^2y/dx^2 \neq 0$ ist.

Die 2. Ableitung wird gern als Beurteilungshilfe empfohlen, um Maxima und Minima unterscheiden zu können:

$$d^2y/dx^2 < 0: \text{ Maximum,}$$
$$d^2y/dx^2 > 0: \text{ Minimum.}$$

Meist läßt sich das einfacher herausbekommen; man kann es sich ersparen, die Funktion nur zu diesem Zwecke zweimal zu differenzieren.

Sind 1. und 2. Ableitung Null, so kann folgender Satz weiterhelfen: Ein (relatives) Extremum liegt vor, wenn die niedrigste nicht verschwindende Ableitung (die also an der betrachteten Stelle nicht Null wird) von gerader Ordnung ist.

(III) Steigung (lineare Approximation) der Kurve an anderen charakteristischen Punkten

Zweifel über den Kurvenverlauf lassen sich beseitigen, indem man mittels der 1. Ableitung an wichtigen Stellen die lineare Approximation der Funktion betrachtet. In praktisch interessanten Fällen betrifft das oft die Nullstellen sowie die Umgebung von $x = 0$.

(IV) Informationen aus der 2. Ableitung

Gelegentlich ist es erforderlich, die Stellen mit

$$\frac{d^2y}{dx^2} = 0 \tag{144}$$

aufzusuchen. Das sind die *Wendepunkte* der Kurve (Wechsel des Krümmungssinnes).

3.4.3. Variation von Parametern; Anpassung und Ausgleichsrechnung

(I) Parameter, als Variable betrachtet

In der Spektroskopie kommt die Funktion*)

$$y = \frac{a}{1 + a^2 x^2}$$

vor, in der x die Meßfrequenz und a ein von den Stoffeigenschaften und der Temperatur abhängiger Parameter ist. Man kann insofern a nicht eine „Konstante" in dem Sinne nennen, wie etwa die Zahl der Moleküle in einem Mol (eine Naturkonstante). Es gibt sogar experimentelle Situationen, in denen es sinnvoll ist, a als ephemere Variable und x als „Konstante" anzusehen, wenn man nämlich bei festgehaltener Frequenz die Ergebnisse z. B. für verschiedene Temperaturen (d. h. verschiedene a) vergleichen will. Dabei könnte man fragen, welchen Wert a haben muß, um das Ergebnis y möglichst groß zu bekommen. Es wäre also das Extremwertproblem von $y(a)$ zu lösen. Da $y(a)$ erst proportional zu a steigt, dann mit $1/a$ fällt, hat es sicher ein Maximum. Im vorliegenden Fall ist es aus

$$\frac{\mathrm{d}y}{\mathrm{d}a} = \frac{1 - a^2 x^2}{(1 + a^2 x^2)^2} = 0$$

leicht zu finden: Es liegt bei $a = 1/x$.

Probleme ähnlicher Art sind nicht selten: Ein in der analytischen Darstellung der Funktion enthaltener Parameter soll so variiert werden, daß eine andere vorzugebende Größe (das braucht nicht der Funktionswert selbst zu sein) einen Extremwert annimmt. Die Aufgabe ist auf dem skizzierten Weg mit Hilfe der Ableitung nach a (nicht nach x) zu erledigen. Wir betrachten als wichtiges Beispiel die in Kap. 1.4.2. nicht abschließend behandelte Methode der kleinsten Quadrate.

*(II) Ausgleichsrechnung nach der Methode der kleinsten Quadrate; Spezialfall Proportionalität**)*

Eine Anzahl von Einzelmessungen möge Wertepaare x_i, y_i geliefert haben. Die x_i werden als praktisch fehlerfrei angenommen. Die Ergebnisse sollen durch eine Proportionalität, also eine Regressionsgerade der Form $y = ax$ erfaßt werden, in welcher der verfügbare Parameter a nach der Methode der kleinsten Quadrate zu bestimmen ist. Diese fordert in der Formulierung von Gl. [60], daß

$$\Sigma(\Delta y_i)^2 = \text{minimal}$$

sei.

---

*) Bild → Tab. 1.5. und Tab. 2.1.

**) Der allgemeine Fall eines linearen, aber nicht proportionalen Zusammenhangs wird in Kap. 4.2.V behandelt.

Für jeden einzelnen Meßpunkt ist das Quadrat der Abweichung von der Geraden

$$(\Delta y_i)^2 = (y_i - ax_i)^2 = y_i^2 - 2x_i y_i a + x_i^2 a^2.$$

Bevor wir alle diese Quadrate addieren, wollen wir zulassen, daß die einzelnen Meßpunkte – möglicherweise – verschiedenes statistisches Gewicht G_i haben.

Dadurch wird der verschiedenen Zuverlässigkeit der Meßpunkte Rechnung getragen. Wenn allen der gleiche absolute Fehler zuzuschreiben ist, haben auch alle gleiches Gewicht. Andernfalls kann man die zuverlässigeren Punkte dadurch höher bewerten, daß man sie mehrfach berücksichtigt – oder in der Minimalforderung durch einen größeren Faktor G_i auszeichnet.

Die Minimalforderung lautet bei individueller Gewichtung:

$$\Sigma G_i (\Delta y_i)^2 = \text{minimal}.$$

Die linke Seite ist nichts anderes als eine Funktion des Parameters a:

$$f(a) = [\Sigma G_i y_i^2] - [2\Sigma G_i x_i y_i]a + [\Sigma G_i x_i^2]a^2 = \text{minimal}.$$

Das Minimum folgt aus $df(a)/da = 0$. Diese Bedingung ist erfüllt für

$$a = \frac{\Sigma G_i x_i y_i}{\Sigma G_i x_i^2}.$$

Haben alle Meßwerte gleiches statistisches Gewicht (das ist, wie gesagt, der Fall, wenn alle den gleichen absoluten Fehler aufweisen), so ist das Steigungsmaß der Regressionsgeraden demnach

$$a = \frac{\Sigma x_i y_i}{\Sigma x_i^2}. \tag{145a}$$

Betrachten wir noch einen anderen Fall: Kleinere Meßwerte mögen auch kleinere absolute Fehler haben. Sie sind dann entsprechend stärker zu gewichten. Am einfachsten ist es,

$$G_i \sim 1/x_i$$

anzunehmen. Damit ergibt sich ein etwas abweichendes Steigungsmaß, nämlich

$$a = \frac{\Sigma y_i}{\Sigma x_i}. \tag{145b}$$

Letzteres ist identisch mit Gl. [61], wo a aus einer anderen Forderung abgeleitet worden war.

3.4.4. Behebung von Unbestimmtheiten

In Kap. 2.3.1.III wurde gezeigt, daß Unbestimmtheiten behoben werden können, indem man als Funktionswert an der Unbestimmtheitsstelle die (übereinstimmenden) Grenzwerte der Funktion definiert. Diese Grenzwertbestimmung wird durch die Differentialrechnung erleichtert.

Eine Funktion der Form

$$y = \frac{f(x)}{g(x)} *)$$

möge an der Stelle $x = x_1$ unbestimmt werden, weil dort $f(x_1) = 0$ und zugleich $g(x_1) = 0$ ist. Zur möglichen Behebung der Unbestimmtheit ist der Grenzwert des Quotienten für $x \rightarrow x_1$ zu bilden. Dazu kann man Zähler- und Nennerfunktion, jede für sich, um x_1 linear approximieren, also nach Gl. [139] ersetzen durch

$$f(x) \approx \frac{df(x_1)}{dx}(x - x_1) \quad \text{und} \quad g(x) \approx \frac{dg(x_1)}{dx}(x - x_1).$$

Diese Näherung stimmt um so besser, je dichter man an die Unbestimmtheitsstelle herangeht. Bei der Quotientenbildung darf man nun $(x - x_1)$ herauskürzen, da diese Differenz – dem Wesen des Grenzwerts entsprechend – zwar beliebig klein, aber nicht Null werden kann. Damit ergibt sich der Grenzwert der Funktion an der Unbestimmtheitsstelle zu

$$\lim_{x \rightarrow x_1} y = \frac{\dfrac{df(x_1)}{dx}}{\dfrac{dg(x_1)}{dx}} \qquad [146]$$

(Regel von l'Hospital)

Gibt auch der Quotient der 1. Ableitungen einen unbestimmten Wert, so wiederholt man das Verfahren mit der 2. Ableitung usw. Die Regel ist in gleicher Weise auch anwendbar auf unbestimmte Ausdrücke der Form ∞/∞. Andere unbestimmte Ausdrücke, z. B. der Form $0 \cdot \infty$, muß man so umformen, daß sie $0/0$ oder ∞/∞ ergeben, ehe man die Regel benutzt.

Beispiel: $y = \sin x/x$ ist unbestimmt an der Stelle $x_1 = 0$. Der Quotient der 1. Ableitungen nach Gl. [146] ist $\cos x/1$, das ist gleich 1 an der Stelle $x_1 = 0$. Durch die zusätzliche Festlegung $y(0) = 1$ ist also die Unbestimmtheit der Funktion zu beheben.

---

*) Die folgende Betrachtung hat nichts mit der Quotientenregel, Gl. [129], zu tun; die Ableitung der kompletten Funktion y steht gar nicht zur Debatte.

3.5. Potenzreihenentwicklung einer Funktion

3.5.1. Beschreibung von Meßergebnissen durch ganze rationale Funktionen

Unter den in Kap. 2.2. vorgestellten Funktionen zeichnen sich die ganzen rationalen Funktionen aus durch ihre besondere Übersichtlichkeit und durch die Möglichkeit, die Funktionswerte mit elementaren Mitteln zu berechnen. Es ist daher verständlich, daß man sie gern zur Beschreibung experimenteller Befunde heranzieht. Häufig hat man noch gar keine theoretisch fundierten Vorstellungen vom Kurvenverlauf. Dann geht man einfach so vor, daß man die Ergebnisse – sofern ihre graphische Darstellung nicht von vornherein dagegen spricht – durch einen Ansatz

$$y = f(x) = a_0 + a_1 x + a_2 x^2 + \ldots \qquad [147]$$

zu erfassen versucht. Dabei beschränkt man sich ökonomischerweise auf so wenige Summanden wie angängig, d.h. nicht mehr als nötig sind, um die Meßergebnisse im Rahmen ihrer Fehlergrenzen wiederzugeben. Man wird also zunächst eine lineare Regression rechnen. Wenn die Ausgleichsgerade nicht befriedigt, nimmt man quadratische Einflüsse an, und so erforderlichenfalls weiter.

Die verfügbaren Koeffizienten, das sind die a_n des Ansatzes Gl. [147], werden bei diesem Vorgehen grundsätzlich nach der Methode der kleinsten Quadrate festgelegt. Sie bewirkt, daß teils positive, teils negative Abweichungen übrig bleiben, die etwa gleichmäßig den ganzen Bereich der x-Werte betreffen. Das umschreibt man mit der allgemeinen Bemerkung, die Methode ergebe eine oszillierende Näherung. Es ist einleuchtend, daß die Anpassung um so besser ausfällt, je größer die Zahl der verfügbaren Parameter ist.

Dieser ganz allgemein, nicht nur für Ansätze der Art von Gl. [147] zutreffende Tatbestand hat auch seine Kehrseite. Da es meistens kein Kunststück ist, Meßwerte durch einen Funktionstyp mit recht vielen verfügbaren Parametern zu beschreiben, so sagt eine befriedigende Übereinstimmung dennoch wenig über die „Richtigkeit" der angenommenen Funktion – also des theoretischen Ansatzes – aus. Auch aus diesem Grund ist es verständlich, daß man mit möglichst wenig Parametern auszukommen sucht.

Bei diesen Bemerkungen gehen wir natürlich davon aus, daß (viel) mehr Meßwerte vorliegen, als Parameter festzulegen sind. Andernfalls wäre das Problem trivial und hätte nichts mit Ausgleichung zu tun.

In Gl. [147] sind die Summanden in einer Reihe nach aufsteigenden Potenzen von x angeordnet. Diese Umkehrung gegenüber der Schreibweise von Gl. [83] ist zweckmäßig, weil offen bleiben muß, welches die höchste benötigte Potenz sein wird (der Grad der ganzen rationalen Funktion liegt nicht von vornherein fest). Im Prinzip könnte man immer weitere Glieder mit höheren Potenzen hinzufügen. So bekäme man eine unendliche *Potenzreihe*.

3.5.2. Entwicklung einer analytisch gegebenen Funktion in eine Potenzreihe

(I) Zielsetzung und Möglichkeiten

Die leichte Handhabbarkeit der ganzen rationalen Funktionen ist ihr besonderer Vorteil. Er läßt es zweckmäßig erscheinen, sich ihnen auch von einem anderen, dem vorigen gerade entgegengesetzten, rein mathematischen Ausgangspunkt her zu nähern, nämlich von der Seite der Funktionen „an sich". Wir werfen deshalb folgende – jetzt von Meßproblemen ganz unbelastete – Frage auf: Inwieweit lassen sich *beliebige* Funktionen $y = f(x)$ durch eine ganze rationale Funktion oder eine Potenzreihe, wie Gl. [147], approximieren? Es handelt sich hier um mathematisch definierte, also fehlerfreie Größen y, die (wiederum anders als Meßwerte) zu einem in vielen Fällen unendlichen Bereich der kontinuierlichen Variablen x gehören.

Man kann nicht erwarten, daß sich die Frage überhaupt ohne Abstriche in dieser Allgemeinheit behandeln ließe. Erstens haben ganze rationale Funktionen (für endliche x-Werte) keine Unendlichkeitsstellen. Wir wollen deshalb von vornherein annehmen, daß auch die zu approximierende Funktion $y = f(x)$ endlich, ja überdies stetig und differenzierbar sei. Zweitens ist schwerlich damit zu rechnen, $f(x)$ ließe sich in seinem ganzen Definitionsbereich approximieren. Es ist daher sinnvoll, eine Stelle $x = x_1$ vorzugeben, in deren Umgebung die Approximation gelten soll.*) Man sagt: $y = f(x)$ *soll um* x_1 *in eine ganze rationale Funktion oder, allgemeiner, in eine Potenzreihe entwickelt werden.*

Bildlich gesprochen, besteht die Approximation in der Summation von Parabeln verschiedensten Grades, die wir in x-Richtung alle so zurechtschieben, daß ihre Scheitel beim gewählten Punkt x_1 liegen. Rechnerisch ist das nach Kap. 2.2.5. zu erreichen, indem wir ihr Argument als $x - x_1$ ansetzen. Mit den einzelnen Summanden $a_n(x - x_1)^n$ machen wir den gegenüber Gl. [147] etwas verallgemeinerten *Ansatz*

$$y = f(x) = a_0 + a_1(x - x_1) + a_2(x - x_1)^2 + \ldots \qquad [148]$$

(II) Die Methode der Näherung

Die entscheidende Frage ist nun, nach welchen Gesichtspunkten die verfügbaren Koeffizienten des Ansatzes Gl. [148], also die a_i,

---

*) In manchen Anwendungen wird x_1 (oder genauer: die durch das Wertepaar $(x_1, f(x_1))$ festgelegte Stelle) recht treffend als „Arbeitspunkt" bezeichnet.

festgelegt werden sollen. Man könnte wieder an die Methode der kleinsten Quadrate denken. Das wird jedoch der Absicht, eine Approximation insbesondere für die Umgebung des Entwicklungspunktes zu finden, nicht gerecht. Statt dessen stellt man eine andere Forderung auf:

Die zu approximierende Funktion $f(x)$ und die Potenzreihe sollen an der Stelle x_1 in allen ihren Differentialquotienten übereinstimmen· d. h.

$$\frac{d^n}{dx^n} f(x) = \frac{d^n}{dx^n} [a_0 + a_1(x - x_1) + \ldots] \qquad [149]$$

soll gelten an der Stelle $x = x_1$ für alle n.

Gl. [149] bedeutet, daß sich die Funktionsbilder der vorgegebenen Funktion und der Reihenentwicklung an der Stelle $x = x_1$ aneinanderschmiegen. Daher rührt der Name „oskulierende Näherung" für dieses Verfahren.

Nach diesen allgemeinen Betrachtungen bleiben zwei Fragen offen: Wie berechnet man die Entwicklungskoeffizienten a_n aus der vorgegebenen Funktion $y = f(x)$ so, daß sie der Forderung Gl. [149] genügen? Und noch wichtiger: Stellt die Reihe auf der rechten Seite von Gl. [148] tatsächlich, wie es dort optimistisch durch Gleichheitszeichen angedeutet ist, die Funktion $y = f(x)$ dar?

(III) Die Entwicklungskoeffizienten

Wir wenden die in Gl. [149] ausgesprochene Forderung auf unseren Ansatz, also Gl. [148], an. Wiederholtes Differenzieren dieser Gleichung ergibt zunächst:

$$f(x) = a_0 + a_1(x - x_1) + \quad a_2(x - x_1)^2 + \quad a_3(x - x_1)^3 + \ldots,$$

$$\frac{df(x)}{dx} = \quad a_1 \quad + 2a_2(x - x_1) + \quad 3a_3(x - x_1)^2 + \ldots,$$

$$\frac{d^2f(x)}{dx^2} = \quad 2a_2 \quad + 2 \cdot 3a_3(x - x_1) + \ldots,$$

$$\frac{d^3f(x)}{dx^3} = \quad 2 \cdot 3a_3 \quad + \ldots.$$

Wenn man nun $x = x_1$ setzt, bleibt immer nur das erste Glied der rechten Seite stehen. Folglich ist

$$a_0 = f(x_1),$$

$$a_1 = \frac{\mathrm{d}f(x_1)}{\mathrm{d}x},$$

$$a_2 = \frac{1}{2} \frac{\mathrm{d}^2 f(x_1)}{\mathrm{d}x^2}$$

und allgemein

$$a_n = \frac{1}{1 \cdot 2 \cdot 3 \cdot \ldots n} \frac{\mathrm{d}^n f(x_1)}{\mathrm{d}x^n}. \qquad [150]$$

Damit ist die Entwicklung erledigt. Die bisher benutzte lineare Approximation erweist sich als erster (linearer) Teil der weiterführenden Potenzreihe.

Die Frage, ob diese *unendliche* Reihe tatsächlich einen *endlichen* Funktionswert darstellen kann, also konvergiert, wird im folgenden etwas allgemeiner erörtert. Zuvor betrachten wir aber ein Beispiel.

Beispiel: Es soll $f(x) = e^x$ um eine Stelle x_1 entwickelt werden. Nach Gl. [150] ist $a_0 = e^{x_1}$, $a_1 = e^{x_1}$, $a_2 = 1/2\, e^{x_1}$ etc. In Kombination mit Gl. [148] ergibt sich

$$e^x = e^{x_1}\left\{1 + (x - x_1) + \frac{1}{2}(x - x_1)^2 + \ldots\right\}.$$

Wenn wir nur eine *lineare Näherung* brauchen, können wir die Reihe nach dem linearen Glied abbrechen; es bleibt

$$e^x \approx e^{x_1}\{1 + (x - x_1)\}.$$

Zwei spezielle Entwicklungen seien angegeben.

Für $x_1 = 0$ folgt

$$e^x \approx 1 + x,$$

das ist die Gerade G_1 in Abb. 3.10.

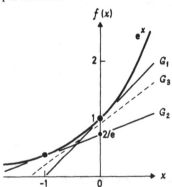

Abb. 3.10. Exponentialfunktion mit zwei verschiedenen linearen Approximationen (G_1 bei $x_1 = 0$; G_2 bei $x_1 = -1$)

38

Für $x_1 = -1$ folgt

$$e^x \approx \frac{1}{e}\{1 + (x+1)\} = \frac{2}{e} + \frac{1}{e}x,$$

das ist die Gerade G_2 in Abb. 3.10.

In quadratischer Näherung hätte sich z. B. für $x_1 = -1$ ergeben

$$e^x \approx \frac{1}{e}\left\{1 + (x+1) + \frac{1}{2}(x+1)^2\right\} = \frac{5}{2e} + \frac{2}{e}x + \frac{1}{2}x^2.$$

Nun darf man daraus nicht wieder eine vermeintliche lineare Approximation machen wollen, indem man nur das quadratische Glied der *ausgerechneten* Formulierung, d. h. $x^2/2$, wegstreicht*). Daß das Ergebnis Unsinn wäre, sieht man an seiner graphischen Darstellung, der Geraden G_3 in Abb. 3.10.

3.5.3. Einiges über unendliche Reihen

(I) Allgemeines

Eine Potenzreihe ist eine spezielle Art unendlicher Reihe, worunter man allgemein eine unendliche Summe von Zahlen**)

$$u_1 + u_2 + u_3 + \ldots \qquad [151]$$

versteht. Wenn man die Summation schrittweise aufbaut, also der Reihe nach

$$\begin{aligned} s_1 &= u_1, \\ s_2 &= u_1 + u_2, \\ s_3 &= u_1 + u_2 + u_3 \\ &\ldots\ldots \end{aligned} \qquad [152]$$

berechnet, so bezeichnet man die s_n als *Teilsummen*. Die Teilsummen bilden eine Zahlenfolge, die konvergent oder divergent sein kann (vgl. dazu Kap. 2.3.1.I). Falls sie konvergiert, nennt man ihren Grenzwert

$$s = \lim_{n \to \infty} s_n \qquad [153]$$

die *Summe der unendlichen Reihe*.

---

*) *Galletti* würde gesagt haben: Das ist ein berühmter Schnitzer, der schon im ersten Semester eingeübt wird.

**) Wenn es um dimensionsbehaftete (Meß-)Größen gehen sollte, kann man die Maßeinheit ausklammern und sich auf die Betrachtung der Zahlenwerte beschränken.

(II) Die Konvergenz von Reihen

Es gibt zunächst eine *notwendige Bedingung* für die Konvergenz: Die Glieder der Reihe müssen mit wachsendem n immer kleiner werden, also gegen Null streben:

$$\lim_{n \to \infty} u_n = 0. \tag{154}$$

Diese Bedingung allein ist aber noch nicht hinreichend, das meint: Sie garantiert, auch wenn sie befriedigt ist, die Konvergenz noch nicht.

Beispiel: Die Reihe

$$1 + \frac{1}{2} + \frac{1}{3} + \frac{1}{4} + \dots$$

erfüllt zwar die obige Bedingung, konvergiert aber trotzdem nicht (d. h. es ist $\lim s_n = \infty$).

Hinreichend sind die folgenden beiden Kriterien: Die Reihe ist konvergent, wenn

$$\lim_{n \to \infty} \left| \frac{u_{n+1}}{u_n} \right| < 1 \tag{155}$$

(*Quotientenkriterium*), oder wenn

$$\lim_{n \to \infty} \sqrt{|u_n|} < 1 \tag{156}$$

(*Wurzelkriterium*) ist. Es genügt, die Konvergenz an Hand von einem der beiden Kriterien sicherzustellen.

Beispiel: Wir bilden aus positiven, reellen Zahlen p die Reihe

$$1 + p + p^2 + p^3 + p^4 + \dots$$

(„geometrische Reihe"). Die notwendige Bedingung Gl. [154] ist nur erfüllt, wenn $p < 1$ ist. Ist das auch hinreichend für Konvergenz? Wir wenden das Quotientenkriterium an:

$$\lim_{n \to \infty} \left| \frac{u_{n+1}}{u_n} \right| = \lim_{n \to \infty} \frac{p^{n+1}}{p^n} = \lim_{n \to \infty} p = p < 1$$

und finden: $p < 1$ ist eine *notwendige und hinreichende Konvergenzbedingung.*

Die Kriterien lassen nur erkennen, ob eine Reihe überhaupt konvergiert. Ihre Summe ist damit noch nicht bekannt; sie muß durch andere Betrachtungen ermittelt werden.

In den Konvergenzkriterien steht der Betrag der Glieder der Reihe. Man betrachtet, mit anderen Worten, eine Reihe aus lauter positiven Gliedern. Wenn diese konvergiert („*absolute Konvergenz*"), so konvergiert auch jede Reihe, die daraus durch Verändern einer beliebigen Zahl von Vorzeichen hervorgeht.

(III) Allgemeine Rechenregeln

Bei Beachtung gewisser Einschränkungen kann man mit Reihen wie mit gewöhnlichen Summen rechnen. Das ist in Anbetracht der unendlich vielen Glieder keineswegs selbstverständlich!

Es gilt: *Zwei konvergente Reihen dürfen gliedweise addiert werden. – Zwei absolut konvergente Reihen dürfen wie Polynome miteinander multipliziert werden.*

(IV) Konvergenz der Potenzreihen

Bei Potenzreihen sind die einzelnen Glieder mit x variabel, und die Konvergenz ist daher eine Frage des Wertes von x. Man kann natürlich die Konvergenz nicht für jeden x-Wert einzeln untersuchen. Das wird sich auch als unnötig erweisen. Das Beispiel der geometrischen Reihe, welche in der Tat eine Potenzreihe ist (man schreibe x statt p), zeigt, mit welcher Art allgemeiner Einschränkungen zu rechnen ist.

Potenzreihen haben eine bemerkenswerte Eigenschaft: Sie *konvergieren absolut innerhalb eines symmetrischen Bereichs um die Entwicklungsstelle* x_1, d. h. für alle

$$|x - x_1| < \varrho, \qquad [157a]$$

und *divergieren für*

$$|x - x_1| > \varrho. \qquad [157b]$$

Die Zahl ϱ, die von der Art der Reihe abhängt, heißt *Konvergenzradius*. Die Angabe von ϱ genügt um einzugrenzen, *in welchem Bereich eine Potenzreihenentwicklung nach Gl. [148] die gewünschte Approximation darstellt*, also konvergiert.

Über den Grenzfall $|x - x_1| = \varrho$ lassen sich allgemeine Aussagen nicht machen; die Reihe kann konvergieren oder divergieren.

Die Größe des Konvergenzradius hängt von den Entwicklungskoeffizienten a_n ab und läßt sich beispielsweise mit Hilfe der Kriterien Gl. [155] und [156] feststellen. Da die a_n ihrerseits nach Gl. [150] aus der zu approximierenden Funktion bestimmt werden, kann man generell erwarten, daß der Konvergenzradius eine Konsequenz des Funktionstyps sein wird. Es kann sein, daß $\varrho = 0$ ist und überhaupt keine konvergente Entwicklung der Funktion möglich ist.

Wir kommen noch einmal auf Gl. [105] zurück, wo in unserem jetzigen Zusammenhang y_n durch die Teilsummen s_n, g durch die Reihensumme s zu ersetzen ist. Bei einer Potenzreihe wird, so vermutet man, die dort geforderte Index-Nummer N davon abhängen, welchen x-Wert (innerhalb des Konvergenzbereichs natürlich) man vorgibt. Das ist überraschenderweise nicht der Fall, solange man sich auf $|x - x_1| < \varrho$ beschränkt, also nicht den kritischen Wert $|x - x_1| = \varrho$ (auch wenn die Reihe dort noch konvergiert) wählt. Diese Eigenschaft wird als *gleichmäßige Konvergenz* bezeichnet. Sie hat zur Folge, daß für Potenzreihen einige weitere nützliche Rechenregeln, welche gleichmäßige Konvergenz verlangen, gelten.

In Bezug auf die Anwendung der Differentialrechnung gilt allgemein für Reihen, deren Glieder Funktionen von x sind (also: $u_1(x) + u_2(x) + u_3(x) + \ldots$, wo die $u_n(x)$ zwar Potenzen sein können, aber ebenso gut andere, z.B. trigonometrische Funktionen, → Kap. 12.), folgender Satz:

Wenn die Reihe konvergiert und ihre Glieder differenzierbare, die Ableitungen stetige Funktionen sind, darf sie gliedweise differenziert werden, sofern die neue Reihe gleichmäßig konvergiert.

In Bezug auf die Anwendung der Integralrechnung (→ Kap. 5.2.) gilt:

Wenn die Reihe gleichmäßig konvergiert und ihre Glieder stetige Funktionen sind, darf sie gliedweise integriert werden.

Um speziell wieder auf Potenzreihen zurückzukommen, so erfüllen sie nach dem oben Gesagten die Voraussetzungen der beiden Sätze.

(V) Das Rechnen mit Potenzreihen

Potenzreihen konvergieren erfreulicherweise im Inneren ihres Konvergenzbereichs auch im Sinne der verschärften Bedingungen (absolute Konvergenz, gleichmäßige Konvergenz), und ihre Ableitungen (auch die höheren) haben die gleichen Eigenschaften. Infolgedessen sind die oben aufgeführten Voraussetzungen für die verschiedenen Rechenoperationen mit Reihen regelmäßig erfüllt. Das erleichtert ihre Anwendung ungemein und rechtfertigt es, die folgende allgemeine Grundregel für das Rechnen mit Potenzreihenentwicklungen zu geben.

Hat man eine Funktion $y = f(x)$ nach Gl. [148] und [150] in eine Potenzreihe entwickelt, so kann man mit der Reihe rechnen wie mit einem gewöhnlichen Polynom, sofern man nur darauf achtet, daß x im Inneren des Konvergenzbereichs liegt. (Bezieht man in eine Rechnung mehrere Reihenentwicklungen ein, so muß x im Konvergenzbereich aller beteiligten Reihen liegen.)

3.5.4. Beispiele

(I) Entwicklung um den Nullpunkt

Eine Entwicklung der Form Gl. [148] um eine beliebige Stelle x_1 wird *Taylorsche Reihe* genannt. Oft ist insbesondere die Entwicklung um den Nullpunkt ($x_1 = 0$) von Interesse. In diesem speziellen Fall spricht man auch von einer *MacLaurinschen Reihe*; sie hat die einfache Form von Gl. [147]. Wir wollen uns im folgenden auf sie beschränken. Tab. 3.3. enthält eine Auswahl.

Tab. 3.3. Einige Potenzreihenentwicklungen (um $x_1 = 0$)

$y = f(x)$	Reihe	Konvergenz-radius ϱ
$(1+x)^n$	$= 1 + nx + \binom{n}{2}x^2 + \binom{n}{3}x^3 + \ldots$	1

Beispiele:

$(1+x)^{-3/2}$	$= 1 - \dfrac{3}{2}x + \dfrac{15}{8}x^2 - \dfrac{105}{48}x^3 + \ldots$	
$(1+x)^{-1}$	$= 1 - x + x^2 - x^3 + \ldots$	
$(1-x)^{-1}$	$= 1 + x + x^2 + x^3 + \ldots$ (geom. Reihe)	
$(1+x)^{-1/2}$	$= 1 - \dfrac{1}{2}x + \dfrac{3}{8}x^2 - \dfrac{15}{48}x^3 + \ldots$	
$(1+x)^{1/2}$	$= 1 + \dfrac{1}{2}x - \dfrac{1}{8}x^2 + \dfrac{3}{48}x^3 - \ldots$	
$(1+x)^{3/2}$	$= 1 + \dfrac{3}{2}x + \dfrac{3}{8}x^2 - \dfrac{3}{48}x^3 + \ldots$	
$\cos x$	$= 1 - \dfrac{1}{2}x^2 + \dfrac{1}{24}x^4 - \ldots$	∞
$\sin x$	$= x - \dfrac{1}{6}x^3 + \dfrac{1}{120}x^5 - \ldots$	∞
$\tan x$	$= x + \dfrac{1}{3}x^3 + \dfrac{2}{15}x^5 + \ldots$	$\dfrac{\pi}{2}$
$\arctan x$	$= x - \dfrac{1}{3}x^3 + \dfrac{1}{5}x^5 - \dfrac{1}{7}x^7 + \ldots$	1
e^x	$= 1 + x + \dfrac{1}{2}x^2 + \dfrac{1}{6}x^3 + \ldots$	∞ *)
$\ln(1+x)$	$= x - \dfrac{1}{2}x^2 + \dfrac{1}{3}x^3 - \dfrac{1}{4}x^4 + \ldots$	1

Ersetzt man x durch $-x$, so ist jeweils das Vorzeichen der Glieder mit ungeraden Exponenten umzuändern. Weiterhin kann man statt x auch andere Argumente setzen, z. B. $\cos kx = 1 - \dfrac{1}{2}(kx)^2 \ldots$

*) Weiteres → Abschnitt 3.5.4.III.

Jede Reihe ergibt, wenn man sie nach einigen Gliedern abbricht, einen Näherungsausdruck für die entwickelte Funktion. Er wird um so besser, je höher man seine Ordnung treibt, je mehr Glieder man also berücksichtigt. Im allgemeinen bestehen Nutzen und Vorteil der Entwicklung freilich gerade darin, daß man mit wenigen Gliedern auskommt, wenn man sich nur auf „genügend kleine x" beschränkt. Wie klein die x sein müssen, um einen vorgegebenen Fehler nicht zu überschreiten, kann man zumindest größenordnungsmäßig an Hand der Entwicklungskoeffizienten abschätzen.

Beispiel: Die Reihe für $\sin x$ läßt sich schreiben

$$\sin x = x(1 - \frac{1}{6}x^2 + \ldots).$$

Das quadratische Glied in der Klammer gibt die Größenordnung des relativen Fehlers an, den man macht, wenn man sich auf

$$\sin x \approx x$$

beschränkt. Für $x < 0{,}1$ ist er kleiner als 0,01 ($\triangleq 1\%$); das ist eine für viele Zwecke ausreichende Genauigkeit.

Die Reihenentwicklung bietet weiter die Möglichkeit, die anders nicht zugänglichen Zahlenwerte transzendenter Funktionen zu berechnen, und das mit jeder gewünschten Genauigkeit, wenn man nur genügend viele Glieder berücksichtigt. Davon machen alle numerischen Verfahren (elektronische Rechner) Gebrauch.

(II) Ein Rechenbeispiel

Wir wollen die Vorteile, die sich durch die Anwendung der Reihenentwicklung erreichen lassen, an einem Beispiel verdeutlichen. In der Theorie der magnetischen und elektrischen Eigenschaften der Materie stößt man auf die sog. *Langevin*-Funktion, die die Magnetisierung (resp. Polarisation) mit der Feldstärke verknüpft:

$$L(x) = \coth x - \frac{1}{x}. \tag{158}$$

Darin ist x eine zur Feldstärke proportionale, dimensionslose Variable.

Der nichtspezialisierte Leser kann sich vom Funktionsverlauf nicht ohne weiteres ein Bild verschaffen. In einer Formelsammlung findet er, was es mit der Abkürzung $\coth x$ auf sich hat, nämlich die Definition

$$\coth x = \frac{e^x + e^{-x}}{e^x - e^{-x}}, \tag{159}$$

doch wird das Bild dadurch nicht klarer. Hier hilft ein Blick auf die Bedeutung von x. Nichts spricht dagegen, ein Experiment zunächst auf kleine Feldstärken zu beschränken, ja in aller Regel hat man es überhaupt nur damit zu tun. Daher ist eine Näherung der Funktion $L(x)$ aus ihrer Reihenentwicklung um den Nullpunkt naheliegend.

Um nicht differenzieren zu müssen, gehen wir von tabellierten Reihen aus, und zwar von den Entwicklungen

$$e^x = 1 + x + \frac{1}{2}x^2 + \frac{1}{6}x^3 + \frac{1}{24}x^4 + \frac{1}{120}x^5 + \ldots,$$

$$e^{-x} = 1 - x + \frac{1}{2}x^2 - \frac{1}{6}x^3 + \frac{1}{24}x^4 - \frac{1}{120}x^5 + \ldots,$$

und betrachten zunächst nur die Funktion $\coth x$. Einsetzen der e-Reihen in Gl. [159] ergibt

$$\coth x = \frac{1 + \frac{1}{2}x^2 + \frac{1}{24}x^4 + \ldots}{x + \frac{1}{6}x^3 + \frac{1}{120}x^5 + \ldots} \quad {}^*)$$

$$= \frac{1}{x}\,\frac{1 + \frac{1}{2}x^2 + \frac{1}{24}x^4 + \ldots}{1 + \frac{1}{6}x^2 + \frac{1}{120}x^4 + \ldots}.$$

Um den Quotienten der beiden Reihen zu berechnen, muß man sich von der Gewohnheit lösen, die Division mit den höchsten Potenzen zu beginnen; das geht bei *unendlichen* Reihen naturgemäß nicht. Man beginnt, umgekehrt, die Division mit den Anfangsgliedern der Reihen:

$$\left(1 + \frac{1}{2}x^2 + \frac{1}{24}x^4 + \ldots\right) : \left(1 + \frac{1}{6}x^2 + \frac{1}{120}x^4 + \ldots\right) = 1 + \frac{1}{3}x^2 + \ldots$$

$$\frac{1 + \frac{1}{6}x^2 + \frac{1}{120}x^4 + \ldots}{}$$

$$\frac{1}{3}x^2 + \frac{1}{30}x^4 + \ldots$$

$$\frac{\frac{1}{3}x^2 + \frac{1}{18}x^4 + \ldots}{}$$

$$\cdots$$

*) Das ist nachlässig gerechnet! Grundsätzlich darf man nicht, wie hier, durch Reihen dividieren, deren absolutes Glied (a_0) Null ist, denn für $x = 0$ wäre das eine Division durch Null. Jedoch sieht man im vorliegenden Beispiel schon, daß sich am Ende die $1/x$-Glieder herausheben, so daß kein Unglück eintritt.

Wir haben die Division so ausführlich notiert, um darauf hinzuweisen, daß man für die Rechnung zweckmäßigerweise mehr Reihenglieder aufschreibt, als man zum Schluß benötigt. Nur so kann man das Bildungsgesetz der Reihe richtig erkennen und verhindern, daß man Beiträge vergißt.

Es ist also $\coth x$ durch die Reihenentwicklung

$$\coth x = \frac{1}{x} + \frac{1}{3}x + \dots \qquad [160]$$

darzustellen, und daher $L(x)$ durch

$$L(x) = \coth x - \frac{1}{x} = \frac{1}{3}x + \dots \qquad [161]$$

Das ist die lineare Näherung der *Langevin*-Funktion.

Um das Bild zu vervollständigen, betrachten wir noch den Fall $x \to \infty$. Dann geht $L(x) \to 1$. Diesem Wert strebt die Funktion monoton steigend zu, Abb. 3.11.

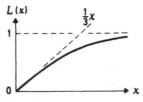

Abb. 3.11. *Langevin*-Funktion

(III) Die Exponentialreihe

Die Exponentialreihe gehört zu den wenigen, die für beliebige x konvergent sind. Ihre Entwicklungskoeffizienten sind allgemein

$$a_n = \frac{1}{1 \cdot 2 \cdot 3 \cdot 4 \cdot \dots \cdot n} = \frac{1}{n!} \qquad [162]$$

(Abkürzung: $n!$ = „n Fakultät"). Die gleichen Koeffizienten, allerdings nur mit geraden n, treten in der $\cos x$-Reihe auf (da $\cos x$ eine gerade Funktion ist, können nur gerade Potenzen vorkommen), diejenigen mit ungeraden n in der $\sin x$-Reihe (da $\sin x$ eine ungerade Funktion ist).

Offensichtlich besteht ein Zusammenhang zwischen der Exponentialfunktion und den beiden trigonometrischen Funktionen. Um ihn zu formulieren, setzen wir in der Exponentialreihe $x = i\varphi$ und erhalten

46

$$e^{i\varphi} = 1 \qquad - \frac{1}{2!}\varphi^2 \qquad + \frac{1}{4!}\varphi^4 \qquad - \dots$$
$$+ i[\varphi \qquad - \frac{1}{3!}\varphi^3 \qquad + \frac{1}{5!}\varphi^5 \qquad - \dots]. \qquad [163]$$

Auf der rechten Seite stehen die $\cos\varphi$- und die $\sin\varphi$-Reihe. Also ist

$$e^{i\varphi} = \cos\varphi + i\sin\varphi.$$

Das ist die *Euler*sche Formel, Gl. [10], die hiermit bestätigt ist.

(IV) Noch einmal Legendresche Funktionen

Gesetzt den Fall, man hat ein räumliches Polarkoordinatensystem, interessiert sich aber einmal nicht für den Abstand r eines Punktes vom Koordinatenursprung, sondern für den in Abb. 3.12. eingezeichneten Abstand d; dieser

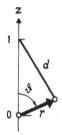

Abb. 3.12. Zur Erläuterung von Gl. [164]

wird von einem um eine Längeneinheit auf der z-Achse verschobenen Punkte aus gemessen. Der Cosinussatz der Trigonometrie*) ergibt den Zusammenhang

$$d(r) = \sqrt{1 - 2\cos\vartheta \cdot r + r^2}. \qquad [164a]$$

---

*) Den Cosinussatz kann man in allgemeiner Form aus der folgenden Vektorbetrachtung herleiten. Zwei gegebene Vektoren $\vec{a}$ und $\vec{b}$ werden subtrahiert. Der Differenzvektor $\vec{c} = \vec{a} - \vec{b}$ verbindet (z.B. in Abb. 1.10. links) die Spitzen von $\vec{a}$ und $\vec{b}$. Frage: Welchen *Betrag* hat $\vec{c}$? Nach Gl. [28] ist $c^2 = \vec{c} \cdot \vec{c}$, also

$$c^2 = \vec{a} \cdot \vec{a} + \vec{b} \cdot \vec{b} - 2\vec{a} \cdot \vec{b},$$

oder unter Verwendung von Gl. [26b]:

$$c^2 = a^2 + b^2 - 2ab \cos \sphericalangle\, a,b.$$

Das ist der Cosinussatz. Er nimmt auf das aus a, b, c gebildete Dreieck Bezug; der Vektorcharakter spielt jetzt keine Rolle mehr.

47

Wir stellen uns die Aufgabe, die Funktion

$$f(r) = \frac{1}{d(r)} \qquad\qquad [164b]$$

nach Potenzen von r (und zwar um $r_1 = 0$, also für kleine r-Werte, d. h. $r < 1$) zu entwickeln. Dazu kann man auf die Reihe für

$$(1 + x)^{-1/2}$$

in Tab. 3.3. zurückgreifen und darin für x setzen:

$$x = -2\cos\vartheta \cdot r + r^2.$$

Das ergibt (für kleine r):

$$f(r) = 1 + [\cos\vartheta]r + \left[\frac{3}{2}\cos^2\vartheta - \frac{1}{2}\right]r^2 + \dots \qquad [164c]$$

Ein Vergleich mit Gl. [111] zeigt, daß die in eckige Klammern geschriebenen Entwicklungskoeffizienten die *Legendre*schen Kugelflächenfunktionen sind.

Das Beispiel zeigt nebenbei, welch mannigfache Querverbindungen sich durch die bisher behandelten Stoffgebiete ziehen.

Übrigens könnte man $f(r)$ auch für *große* r in eine Potenzreihe entwickeln. Dazu ist $1/r$ zu betrachten, denn dies wird klein, wenn r groß wird. Man schreibt zu diesem Zwecke $d(r)$ in der Form

$$d(r) = r\sqrt{1 - 2\cos\vartheta \cdot \frac{1}{r} + \left(\frac{1}{r}\right)^2}$$

und entwickelt die Wurzel nach $1/r$, indem man jetzt

$$x = -2\cos\vartheta \cdot \frac{1}{r} + \left(\frac{1}{r}\right)^2$$

setzt. Das ergibt schließlich (für große r):

$$f(r) = \frac{1}{r} + [\cos\vartheta]\frac{1}{r^2} + \left[\frac{3}{2}\cos^2\vartheta - \frac{1}{2}\right]\frac{1}{r^3} + \dots \qquad [164d]$$

Diese Reihe spielt eine Rolle bei der Behandlung elektrischer Erscheinungen. Das Potential ($\rightarrow$ Kap. 4.2.II) elektrischer Ladungen nimmt nämlich umgekehrt proportional mit dem Abstand ab. In großer Entfernung von einem „Ladungshaufen" kann man daher das resultierende Potential in einer zu Gl. [164d] analogen Form schreiben; sog. Multipolentwicklung.

Daß in den beiden Reihen Gl. [164c] und [164d] gerade die *Legendre*schen Funktionen auftreten, hängt mit einer besonderen Eigenschaft zusammen, ihrer „Orthogonalität"; $\rightarrow$ Kap. 12.3.

4. Differentialrechnung von Funktionen zweier (und mehrerer) Variabler

4.1. Neue Gesichtspunkte bei der Erweiterung der Differentialrechnung

Differentiation und Differentialrechnung sind keine nur für Funktionen *einer* Variablen erfundenen Spezialitäten. Die Ausdehnung auf Funktionen mehrerer Variabler ist ohne weiteres möglich und – vom Standpunkt der Anwendungen – auch nützlich und notwendig. Dazu sind allerdings einige der bisher schon benutzten Begriffe zu erweitern und zu ergänzen. Wir wollen das am Beispiel einer Funktion von zwei Variablen tun, die wir vorerst als $z = f(x,y)$ gegeben annehmen und als Fläche über der x-y-Ebene dargestellt denken. Der Erweiterung auf Funktionen von mehr Variablen steht dann – außer den Schwierigkeiten der Veranschaulichung – nichts mehr im Wege.

4.1.1. Die verschiedenen Differentialquotienten und das Rechnen mit ihnen

(I) Das Tangentialebenenproblem; partielle Differentialquotienten und Ableitungen

Zunächst ist es unumgänglich, den Grundbegriff des Differentialquotienten in der jetzigen Situation noch einmal zu beleuchten. Dazu folgen wir in aller Kürze dem Argumentationsweg von Kap. 3.1., das sich auf den – wie wir nun zur Unterscheidung sagen müssen – gewöhnlichen Differentialquotienten (der Funktion *einer* Variablen) bezog.

Wir betrachten eine Stelle (x,y) und fragen – in Analogie zum früheren Tangentenproblem – nach der Tangentialebene an die Fläche $z = f(x,y)$ in diesem Punkt. Die Tangentialebene ist eine lineare Approximation der Funktion, die um so brauchbarer ist, je näher das Variablenpaar bei dem herausgegriffenen Punkt bleibt.

Wie kann man die Tangentialebene erfassen? Am einfachsten, indem man von den Tangenten – also geraden *Linien* – ausgeht, die man an die Fläche legen kann. Falls die Fläche nicht Irregularitäten aufweist, liegen alle am betrachteten Punkt möglichen Tangenten (es gibt deren unendlich viele) in *einer* Ebene, der Tangentialebene. Diese ist schon vollständig beschrieben, wenn man nur *zwei* der Tangenten kennt. In kartesischen Koordinaten ist es naheliegend, die Funktion durch Linien $y = $ const und $x = $ const darzustellen (Abb. 4.1.). So wird man sich konsequenterweise auch der beiden Tangenten bedienen, die man

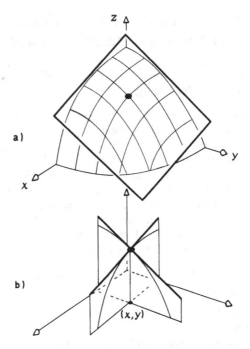

Abb. 4.1. Funktion von zwei Variablen, als Fläche mit kartesischen Koordinaten dargestellt. a) Funktionsbild mit Tangentialebene; b) zueinander senkrechte Schnitte in Koordinatenrichtungen

findet, indem man durch den Punkt (x,y) je einen Schnitt parallel zur x-z-Ebene ($y =$ const) und zur y-z-Ebene ($x =$ const) führt.

In diesen Schnitten erscheint jeweils eine *Kurve* (das ist der Schnitt durch die Fläche $z = f(x,y)$) mit ihrer *Tangente* (das ist der Schnitt durch die Tangentialebene), wie es Abb. 4.1.b zeigt. Mit den Steigungsmaßen der beiden Tangenten hat man alle nötigen Informationen. Das Problem reduziert sich damit auf etwas Wohlbekanntes, nämlich – hier zweimal – das Steigungsmaß einer Tangente auszurechnen.

Zuerst betrachten wir den Schnitt parallel zur x-z-Ebene. Rechnerisch heißt das: Wir sehen y vorübergehend als eine Konstante an, so daß z wie die Funktion *einer* Variablen nach x differenziert werden kann. Wir bilden also den Grenzwert gemäß Gl. [119] und nennen ihn den *partiellen Differentialquotienten* $\partial z/\partial x$:

$$\frac{\partial z}{\partial x} = \lim_{\Delta x \to 0} \frac{f(x + \Delta x, y) - f(x, y)}{\Delta x}. \qquad [165a]$$

Er stellt die *Steigung der Tangentialebene**) dar, wenn man sich mit den unabhängigen Variablen *längs einer Linie parallel zur x-Achse* (y = const) bewegt. Anschließend betrachtet man z nur als Funktion von y und errechnet

$$\frac{\partial z}{\partial y} = \lim_{\Delta y \to 0} \frac{f(x, y + \Delta y) - f(x, y)}{\Delta y}. \qquad [165b]$$

Dieser partielle Differentialquotient stellt die Steigung dar, falls man parallel zur y-Achse fortschreitet (x = const).

Nachdem man die beiden partiellen Differentialquotienten bestimmt hat, ist das Tangentialebenenproblem prinzipiell gelöst. In rechentechnischer Hinsicht treten dabei überhaupt keine neuen Fragen auf; *man verfährt nach den in Kap. 3.2. genannten Regeln des Differenzierens, wobei man die jeweils nicht gefragte Variable wie eine Konstante behandelt.*

Beispiel: In Kap. 3.4.3.I wurde eine Funktion diskutiert, die man schon dort als Funktion von 2 Variablen hätte bezeichnen und in der Form

$$z = \frac{y}{1 + x^2 y^2}$$

schreiben können. Die beiden partiellen Differentialquotienten sind

$$\frac{\partial z}{\partial x} = - \frac{2xy}{(1 + x^2 y^2)^2},$$

$$\frac{\partial z}{\partial y} = \frac{1 - x^2 y^2}{(1 + x^2 y^2)^2}.$$

Um klar herauszustellen, daß die partiellen Differentialquotienten unter ganz bestimmten Voraussetzungen gebildete Grenzwerte sind, werden sie mit runden „∂" geschrieben. Sie sind stets als *einheitliches Ganzes, nicht als Bruch* im üblichen Sinne, zu behandeln.

Jeder der beiden Quotienten gibt für sich allein nur eine unvollständige (eben partielle) Kenntnis der Tangentialebene.

Was die Schreibweise betrifft, so hätte man auch den *gewöhnlichen* Differentialquotienten in der Bedeutung als Grenzwert mit runden ∂ schreiben

---

*) Unter Steigung der *Funktion* versteht man dasselbe, also die Steigung der Tangentialebene unter den gegebenen Umständen, kurz: „Steigung in x-Richtung" (und zwar – Vorzeichen! – in positiver x-Richtung gedacht).

können. Jedoch bestand dort kein Anlaß zur Unterscheidung, während hier, wie sich zeigen wird, zwischen den Begriffen Differentialquotient (als Limes im soeben dargestellten Sinn) und Quotient von Differentialen (Differentiale als Änderungen der Variablen) sorgfältiger unterschieden werden muß.

Wie steht es jetzt mit den beiden anderen Aspekten, unter denen wir den gewöhnlichen Differentialquotienten sehen konnten?

Sowohl $\partial z/\partial x$ als auch $\partial z/\partial y$ sind jeweils wieder von x und y abhängig, sind also beide (verschiedene!) *neue Funktionen*, die man als *partielle Ableitungen* bezeichnet und

$$\frac{\partial z}{\partial x} = f_x(x,y); \quad \frac{\partial z}{\partial y} = f_y(x,y)\,{}^*) \qquad [166]$$

schreibt. Beide Ableitungen können wiederum als Flächen über der x-y-Ebene dargestellt werden, wie es Abb. 4.4. an einem Beispiel zeigt.

In Operatorschreibweise ist
$$f_x(x,y) = \frac{\partial}{\partial x} f(x,y),$$
$$f_y(x,y) = \frac{\partial}{\partial y} f(x,y). \qquad [167]$$

Die Operatoren $\partial/\partial x$ resp. $\partial/\partial y$ bedeuten: Leite die nachfolgende Funktion partiell ab! Es handelt sich um zwei verschiedene Operatoren, folglich ergeben sich (linke Seite der Gleichungen) auch zwei verschiedene, neue Funktionen.

(II) Totales Differential und totaler Differentialquotient

Was den dritten Aspekt betrifft, so ist zunächst zu erläutern, was jetzt unter einem *Differential* verstanden werden soll. Wir erklären es, in analoger Weise wie bei Funktionen *einer* Variablen, wie folgt:

dx und dy sind *voneinander unabhängige*, vom vorgegebenen Punkt ausgehende *Änderungen der beiden Variablen x und y*; sie sind nie beide zugleich Null, ansonsten aber – jede für sich – *beliebig*;
dz ist die aus der Änderung der beiden unabhängigen Variablen folgende *Änderung der* (am gegebenen Punkt) *linear* (d. h. durch ihre Tangentialebene) *approximierten Funktion*.

---

*) Weitere Schreibweisen:

$$\frac{\partial z}{\partial x} = \frac{\partial z}{\partial x}\bigg|_y = \left(\frac{\partial z}{\partial x}\right)_y = \frac{\partial f(x,y)}{\partial x} = f_x = z_x; \text{ entsprechend für } \frac{\partial z}{\partial y}.$$

Die Angabe der konstantgehaltenen Variablen, wie im 2. und 3. Fall, ist mitunter wegen der besseren Übersicht zu empfehlen.

Wenn dx und dy genügend kleine Änderungen sind, ist dz näherungsweise die Änderung der Funktion $z = f(x,y)$ selbst, nicht nur die ihrer linearen Approximation.

Abb. 4.2. veranschaulicht, wie die totale Änderung dz der linear approximierten Funktion zustande kommt. Die angedeutete Ebene ist die Tangentialebene an der Stelle (x,y). Von diesem Punkt geht man in der x-y-Ebene (d. h. der Ebene der unabhängigen Variablen)

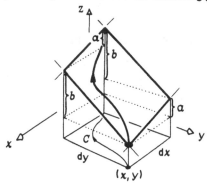

Abb. 4.2. Zur linearen Approximation mit Hilfe der Tangentialebene

entlang einem beliebigen Weg C zum Punkt $(x + \mathrm{d}x, y + \mathrm{d}y)$. Dabei ändert sich der z-Wert der Tangentialebene um dz. Man findet dz – welches vom Wege nicht abhängt – am einfachsten, wenn man längs dem Rand des in der x-y-Ebene liegenden Rechtecks dx − dy geht. Mit den Bezeichnungen von Abb. 4.2. ist

$$\mathrm{d}z = a + b.$$

Die beiden Summanden lassen sich mit Hilfe der beiden partiellen Differentialquotienten angeben. Ganz wie im Fall *einer* Variablen, umschrieben z. B. durch Gl. [124], ist nämlich

$$a = \frac{\partial z}{\partial x}\,\mathrm{d}x \quad \text{und} \quad b = \frac{\partial z}{\partial y}\,\mathrm{d}y.$$

Folglich resultiert:

$$\mathrm{d}z = \frac{\partial z}{\partial x}\,\mathrm{d}x + \frac{\partial z}{\partial y}\,\mathrm{d}y. \qquad [168]$$

Man nennt dz das *totale (vollständige) Differential* der Funktion $z = f(x,y)$. Die Formel macht den Bedeutungsunterschied zwischen „runden" ∂ und „geraden" d noch einmal deutlich (es wäre unsinnig, ∂x gegen dx kürzen zu wollen!).

Als lineare Approximation der Funktion an einer Stelle, die der Deutlichkeit halber mit x_1, y_1 bezeichnet sei, ist also zu schreiben:

$$z = f(x_1, y_1) + \mathrm{d}z.$$

Im totalen Differential $\mathrm{d}z$ kann man $\mathrm{d}x = x - x_1$ und $\mathrm{d}y = y - y_1$ setzen.

Um ein *Beispiel* mit Zahlen zu geben, betrachten wir noch einmal die im vorigen Abschnitt erwähnte Funktion

$$z = \frac{y}{1 + x^2 y^2},$$

und zwar speziell am Punkt $x_1 = 1$, $y_1 = 3$. Dort ist der Funktionswert

$$z_1 = 3/10,$$

während die (vorn bereits in allgemeiner Form angegebenen) partiellen Differentialquotienten die Werte

$$\frac{\partial z}{\partial x} = -6/100,$$

$$\frac{\partial z}{\partial y} = -8/100$$

haben. Also ist die Funktion approximativ

$$
\begin{aligned}
z &= z_1 + \frac{\partial z}{\partial x}\,\mathrm{d}x + \frac{\partial z}{\partial y}\,\mathrm{d}y \\
&= \frac{3}{10} - \frac{6}{100}\,\mathrm{d}x - \frac{8}{100}\,\mathrm{d}y \\
&= \frac{3}{10} - \frac{6}{100}\,(x-1) - \frac{8}{100}\,(y-3) \\
&= \frac{6}{10} - \frac{6}{100}\,x - \frac{8}{100}\,y.
\end{aligned}
$$

Das ist die Gleichung der Tangentialebene an der Stelle x_1, y_1, ausgedrückt als Funktion von x und y.

Gl. [168] läßt sich leicht auf mehr als 2 Variable verallgemeinern. Ist $z = f(x_1, x_2, x_3 \ldots)$, so ist das totale Differential:

$$\mathrm{d}z = \frac{\partial z}{\partial x_1}\,\mathrm{d}x_1 + \frac{\partial z}{\partial x_2}\,\mathrm{d}x_2 + \frac{\partial z}{\partial x_3}\,\mathrm{d}x_3 + \ldots.$$

Wir gehen jetzt einen Schritt weiter und nehmen an, man bliebe in der x-y-Ebene auf einem vorgeschriebenen Wege, der durch einen funktionalen Zusammenhang zwischen x und y festgelegt ist. Diese

Funktion (die nicht mit der untersuchten Funktion $z = f(x,y)$ zu verwechseln ist) sei in Parameterform

$$x = f(t), \quad y = g(t)$$

gegeben. Die Differentiale dx und dy sind demzufolge nicht mehr unabhängig voneinander. Frei wählbar ist nur noch *ein* Differential, nämlich dt. Wie hängt dz mit dt zusammen? Das sieht man am einfachsten, indem man Gl. [168] durch dt dividiert*):

$$\frac{dz}{dt} = \frac{\partial z}{\partial x}\frac{dx}{dt} + \frac{\partial z}{\partial y}\frac{dy}{dt}. \qquad [169]$$

Dieser Ausdruck ist der *totale Differentialquotient* (die totale Ableitung) der Funktion $z = f(x,y)$ nach t. Er enthält eine lineare Kombination ihrer *partiellen* Ableitungen $\partial z/\partial x$ und $\partial z/\partial y$.

Die allgemeine Form einer „Linearkombination" erkennt man vielleicht deutlicher, wenn man Gl. [169] umordnet:

$$\frac{dz}{dt} = a_x \frac{\partial z}{\partial x} + a_y \frac{\partial z}{\partial y}.$$

Die Koeffizienten a_x und a_y sind hier durch die Ableitungen dx/dt und dy/dt gegeben. Sie hängen also nur von dem in der x-y-Ebene vorgeschriebenen Wege ab, nicht aber von der untersuchten Funktion $z = f(x,y)$.

Der „gerade" Differentialquotient dz/dt ist das Analogon zum gewöhnlichen Differentialquotienten dy/dx der Funktion *einer* Variablen und darf (im gleichen Sinn wie dieser) als Bruch behandelt werden. Er gibt (wie stets, in linearer Approximation) die Änderung von z „beim Fortschreiten längs t" an, wobei noch offen bleibt, was der Parameter t, der die Variablen x und y verknüpft, im einzelnen bedeutet. Jedenfalls werden mit dem Differential dt zugleich (über die Parameterdarstellung des Weges) die Differentiale dx und dy festgelegt, und diese ergeben in der x-y-Ebene ein Wegelement bestimmter *Richtung* (Abb. 4.5.a). Die Möglichkeit, von einem gegebenen Punkt der x-y-Ebene in beliebigen Richtungen weiterzugehen (nicht nur parallel zu einer Koordinatenachse) ist es gerade, die die Unterscheidung verschiedener Differentialquotienten nach sich zieht. Der totale Differentialquotient kann prinzipiell in jeder beliebigen Richtung genommen werden. Die partiellen Differentialquotienten dagegen nehmen *definitionsgemäß* Bezug auf die Koordinatenrichtungen.

Wir betrachten zur Verdeutlichung zwei spezielle Fälle. Es sei $x = t$ und y beliebig, aber festgehalten. Wächst t, so schreitet man also parallel zur

---

*) Wir dürfen das bedenkenlos, da wir das Differential einer *unabhängigen* Variablen – hier also dt – als endliche, stets von Null verschiedene Größe erklärt haben.

x-Achse fort. Wir haben $dx/dt = dx/dx = 1$ und $dy/dt = 0$ in Gl. [169] einzusetzen. Das ergibt die *totale Ableitung in x-Richtung*:

$$\frac{dz}{dx} = \frac{\partial z}{\partial x}.$$ [170a]

Wenn dagegen $y = t$ und x unabhängig von t ist, folgt die *totale Ableitung in y-Richtung*:

$$\frac{dz}{dy} = \frac{\partial z}{\partial y}.$$ [170b]

Diese Gleichungen besagen nicht etwa, daß man die Unterscheidung zwischen „geraden" und „runden" Differentialquotienten wieder fallenlassen könnte! Ihr Inhalt läßt sich vielmehr so zusammenfassen:

Die partiellen Ableitungen sind – wie schon ihre Definition zeigt – zu verstehen als diejenigen totalen Ableitungen, die man erhält, wenn man nach den unabhängigen Variablen (das heißt auch: in deren Richtungen) *differenziert.* Dies gilt *allgemein*; es muß sich nicht unbedingt um kartesische Koordinaten handeln ($\rightarrow$ Kap. 4.1.2.).

(III) Differenzierbarkeit

Eine Funktion von 2 Variablen heißt an einer Stelle differenzierbar, wenn dort alle Tangenten in einer Ebene liegen, also eine Tangentialebene existiert. Die dafür notwendige Bedingung ist, daß die *partiellen Ableitungen existieren und stetig sind.*

Eine Funktion, deren graphische Darstellung etwa das Bild einer Pyramide böte, wäre an der Spitze der Pyramide nicht differenzierbar.

(IV) Höhere partielle Ableitungen

Da die partiellen Ableitungen ihrerseits Funktionen von x und y sind, läßt sich im allgemeinen jede von ihnen erneut partiell differenzieren. Die *partiellen Ableitungen 2. Ordnung* sind:

$$\frac{\partial^2 z}{\partial x^2} = \frac{\partial}{\partial x}\left(\frac{\partial z}{\partial x}\right) = \frac{\partial}{\partial x} f_x = f_{xx},$$

$$\frac{\partial^2 z}{\partial y \partial x} = \frac{\partial}{\partial y}\left(\frac{\partial z}{\partial x}\right) = \frac{\partial}{\partial y} f_x = f_{xy},$$

$$\frac{\partial^2 z}{\partial x \partial y} = \frac{\partial}{\partial x}\left(\frac{\partial z}{\partial y}\right) = \frac{\partial}{\partial x} f_y = f_{yx},$$

$$\frac{\partial^2 z}{\partial y^2} = \frac{\partial}{\partial y}\left(\frac{\partial z}{\partial y}\right) = \frac{\partial}{\partial y} f_y = f_{yy}.$$

[171]

Aus einer Funktion $f(x,y)$ entwickelt sich also ein ganzer Stammbaum neuer Funktionen:

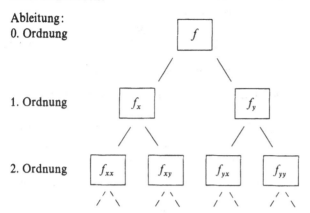

Ableitung:
0. Ordnung

f

1. Ordnung

f_x f_y

2. Ordnung

f_{xx} f_{xy} f_{yx} f_{yy}

Erfreulicherweise braucht man bei der Notation der *gemischten* Ableitungen sein Augenmerk nicht auf die Reihenfolge von x und y zu richten, weil der folgende Satz gilt:

In den gemischten Ableitungen kommt es auf die Reihenfolge der Differentiation nicht an, sofern nur diese Ableitungen stetige Funktionen sind:

$$\frac{\partial}{\partial y}\left(\frac{\partial z}{\partial x}\right) = \frac{\partial}{\partial x}\left(\frac{\partial z}{\partial y}\right) \qquad [172]$$

(Satz von *Schwarz*).

Beispiel:

$$z = \frac{1}{x}\cos y;$$

$$\frac{\partial z}{\partial x} = -\frac{1}{x^2}\cos y; \qquad\qquad \frac{\partial z}{\partial y} = -\frac{1}{x}\sin y;$$

$$\frac{\partial}{\partial y}\left(\frac{\partial z}{\partial x}\right) = \frac{1}{x^2}\sin y; \qquad\qquad \frac{\partial}{\partial x}\left(\frac{\partial z}{\partial y}\right) = \frac{1}{x^2}\sin y.$$

Die partiellen Ableitungen 2. Ordnung spielen in vielen naturwissenschaftlichen Anwendungen eine bedeutende Rolle. Damit hängt es zusammen, daß die Voraussetzung des Satzes von *Schwarz* (Stetigkeit) im allgemeinen gegeben ist; unstetige Funktionen sind in den Anwendungen jedenfalls nicht die Regel ($\rightarrow$ Kap. 2.3.3.).

Auch die partiellen Ableitungen 2. Ordnung lassen sich mit Operatoren schreiben, wie es in Gl. [171] teilweise geschehen ist.

Einen in den Naturwissenschaften besonders wichtigen Differentialoperator 2. Ordnung, der auf *Ortsfunktionen im Dreidimensionalen* angewandt wird, hat man mit einem eigenen Symbol gekennzeichnet:

$$\Delta = \frac{\partial^2}{\partial x^2} + \frac{\partial^2}{\partial y^2} + \frac{\partial^2}{\partial z^2} \, {}^*)$$ [173]

(*Laplace-Operator*; x, y, z sind *Orts*koordinaten).

(V) Die partiellen Ableitungen zusammengesetzter (mittelbarer) Funktionen

Die partiellen Ableitungen werden generell nach den Regeln des Kap. 3.2.1. (unter Konstanthaltung aller Variablen bis auf jeweils eine) berechnet. Eine ergänzende Bemerkung dazu ist nur bezüglich der Kettenregel notwendig.

Eine zusammengesetzte Funktion zweier Variabler sei in der Form

$$z = f(\xi, \eta),$$

mit

$$\xi = g(x, y),$$
$$\eta = h(x, y)$$

gegeben. Dann gilt für die beiden partiellen Ableitungen:

$$\frac{\partial z}{\partial x} = \frac{\partial z}{\partial \xi} \frac{\partial \xi}{\partial x} + \frac{\partial z}{\partial \eta} \frac{\partial \eta}{\partial x},$$

$$\frac{\partial z}{\partial y} = \frac{\partial z}{\partial \xi} \frac{\partial \xi}{\partial y} + \frac{\partial z}{\partial \eta} \frac{\partial \eta}{\partial y}$$ [174]

(*Kettenregel für partielle Ableitungen*).

Das Bildungsschema hat mit dem der Gl. [169] eines gemeinsam: Man kann sich durch „Kürzen" von seiner dimensionsmäßigen Richtigkeit überzeugen (was natürlich nur als mnemotechnisches Hilfsmittel statthaft ist).

Wir betrachten ein *Beispiel*, das sich – wenn man einen Vergleich haben möchte – mit und auch ohne Kettenregel rechnen läßt. Es sei

$$z = (x^2 + y^2) e^{-x^2}$$

partiell abzuleiten.

(α) Nach Kettenregel mit

$$\xi = x^2 + y^2,$$
$$\eta = -x^2,$$

also

$$z = \xi e^\eta.$$

---

*) Δ hat hier nichts mit dem Zeichen für die Differenzbildung zu tun.

Es ist

$$\frac{\partial z}{\partial x} = e^\eta \cdot 2x - \xi e^\eta \cdot 2x = 2x(1 - x^2 - y^2)e^{-x^2},$$

und weiter

$$\frac{\partial z}{\partial y} = e^\eta \cdot 2y + \xi e^\eta \cdot 0 = 2y e^{-x^2}.$$

(β) Ohne Kettenregel: Wir schreiben

$$z = x^2 e^{-x^2} + y^2 e^{-x^2}$$

und differenzieren direkt:

$$\frac{\partial z}{\partial x} = 2x e^{-x^2} - 2x^3 e^{-x^2} - 2xy^2 e^{-x^2} = 2x(1 - x^2 - y^2)e^{-x^2},$$

und weiter

$$\frac{\partial z}{\partial y} = 2y e^{-x^2}.$$

4.1.2. Wechsel der Variablen

(I) Der Übergang zu Polarkoordinaten als einführendes Beispiel

Für das Folgende wollen wir annehmen, daß es sich bei x und y um *Ortskoordinaten* handele. Dann können wir bei Betrachtung einer Funktion $z(x,y)$ in der x-y-Ebene auch zu Polarkoordinaten r, φ übergehen, vgl. Gl. [76a]. Das graphische Erscheinungsbild der Funktion ändert sich dadurch nicht.

Es erhebt sich die Frage: Wie bekommt man die – totalen oder partiellen – Differentialquotienten, genommen nach Polarkoordinaten, wenn man die nach kartesischen Koordinaten bereits kennt? Wir wollen diese Frage zu beantworten suchen, indem wir ein wenig mit dem Handwerkszeug aus dem vorigen Abschnitt spielen.

Betrachten wir zunächst einen totalen Differentialquotienten. Wir greifen auf Gl. [169] zurück und geben dem Parameter t jetzt eine spezielle Bedeutung: Wir setzen $t = r$. Die totale Ableitung ist dann die Ableitung in radialer Richtung. Der Zusammenhang zwischen x und y ist in Parameterdarstellung

$$x = f(t) = f(r) = r \cos \varphi,$$
$$y = g(t) = g(r) = r \sin \varphi.$$

Der Parameter r ist in *diesem* Kontext einzige Variable (φ ist als konstant angenommen). Die Ableitungen nach dem Parameter sind

$$\left(\frac{\mathrm{d}x}{\mathrm{d}t} = \right) \frac{\mathrm{d}x}{\mathrm{d}r} = \cos \varphi,$$

$$\left(\frac{\mathrm{d}y}{\mathrm{d}t} = \right) \frac{\mathrm{d}y}{\mathrm{d}r} = \sin \varphi.$$

59

Sie werden in Gl. [169] eingesetzt. Wir erhalten so den totalen Differentialquotienten in r-Richtung:

$$\left(\frac{dz}{dt} =\right) \frac{dz}{dr} = \cos\varphi\,\frac{\partial z}{\partial x} + \sin\varphi\,\frac{\partial z}{\partial y}. \qquad [175a]$$

Setzt man andererseits $t = \varphi$, so folgt auf dem entsprechenden Wege der totale Differentialquotient in φ-Richtung:

$$\left(\frac{dz}{dt} =\right) \frac{dz}{d\varphi} = -r\sin\varphi\,\frac{\partial z}{\partial x} + r\cos\varphi\,\frac{\partial z}{\partial y}. \qquad [175b]$$

Betrachten wir nun die partiellen Differentialquotienten! Man bekommt sie, wenn man von den partiellen Ableitungen $\partial z/\partial x$ und $\partial z/\partial y$ auszugehen wünscht, formal mit Hilfe der Kettenregel Gl. [174]. Dort ist jetzt allerdings mit anderen, auf unsere Fragestellung spezialisierten Bezeichnungen zu arbeiten, nämlich

mit
$$\begin{aligned} z &= f(x,y) \\ x &= g(r,\varphi) = r\cos\varphi, \\ y &= h(r,\varphi) = r\sin\varphi, \end{aligned}$$

wo x und y in *diesem* Zusammenhang als Funktionen von zwei Variablen (r,φ) – und nicht wie im vorigen Absatz als Funktionen *eines* Parameters – aufzufassen sind. Aus der allgemeinen Beziehung

$$\frac{\partial z}{\partial r} = \frac{\partial z}{\partial x}\frac{\partial x}{\partial r} + \frac{\partial z}{\partial y}\frac{\partial y}{\partial r}$$

ergibt sich damit die partielle Ableitung in r-Richtung zu

$$\frac{\partial z}{\partial r} = \cos\varphi\,\frac{\partial z}{\partial x} + \sin\varphi\,\frac{\partial z}{\partial y}. \qquad [176a]$$

Entsprechend findet man für die φ-Richtung:

$$\frac{\partial z}{\partial \varphi} = -r\sin\varphi\,\frac{\partial z}{\partial x} + r\cos\varphi\,\frac{\partial z}{\partial y}. \qquad [176b]$$

Das sind die partiellen Ableitungen nach den neuen Koordinaten. Sie sind linear kombiniert aus den partiellen Ableitungen nach den alten Koordinaten (welche ja als bekannt gelten sollen).

Ein Vergleich zeigt, daß

$$\frac{dz}{dr} = \frac{\partial z}{\partial r}, \qquad [177a]$$

$$\frac{dz}{d\varphi} = \frac{\partial z}{\partial \varphi} \qquad [177b]$$

ist. Wie schon im kartesischen System, so gilt also auch hier: Die totale Ableitung speziell in einer der Koordinatenrichtungen ist gleich der entsprechenden partiellen Ableitung.

Die als Beispiel herausgegriffenen Größen hätte man natürlich nicht auf diese umständliche Weise berechnen müssen, wenn man die untersuchte Funktion von vornherein in Polarkoordinaten ausgedrückt hätte. Überhaupt mußte bei den allgemeinen Erörterungen des Kap. 4.1.1. nicht unbedingt mit kartesischen Koordinaten argumentiert werden. Man hätte alle Betrachtungen auch anstellen können, wenn man die beiden unabhängigen Variablen Polarkoordinaten sind. Die beiden zueinander senkrechten Schnitte der Abb. 4.1.b wären dann allerdings durch andere zu ersetzen, wie Abb. 4.3. sie zeigt. (Dem Wesen krummliniger Koordinaten entsprechend, hängt ihre Richtung davon ab, an welcher Stelle man die Tangentialebene untersucht.) Die Abbildung macht, zusammen mit Abb. 4.1., deutlich, daß man denselben Sachverhalt, d. h. die Tangentialebene einer Funktion an ein und derselben Stelle, durch beliebige Paare partieller Ableitungen beschreiben kann – je nach Wahl der Koordinaten und damit der Schnittrichtungen.

Das Verständnis solch formaler Darlegungen wie oben wird durch den Umstand erschwert, daß man mit Hilfe der Koordinaten-Symbole im Grunde zweierlei umschreibt, nämlich (α) die Richtung, in der man differenziert, und

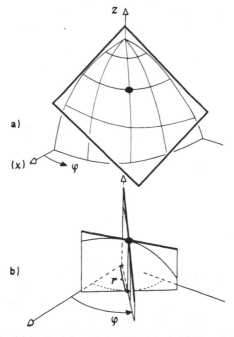

Abb. 4.3. Die gleiche Funktion wie in Abb. 4.1. als Fläche mit Polarkoordinaten dargestellt. a) Funktionsbild mit Tangentialebene; b) zueinander senkrechte Schnitte in Koordinatenrichtungen

(β) das Netz, über dem man die Funktionswerte aufträgt. Um das zu verdeutlichen, betrachten wir im nächsten Abschnitt ein konkretes Beispiel.

(II) Vergleichende Betrachtung einer Funktion und ihrer partiellen Ableitungen in kartesischen und in Polarkoordinaten

Es sei zum einen die in kartesischen Koordinaten ausgedrückte Ortsfunktion

$$z(x,y) = \frac{1}{1 + x^2 + y^2}$$

betrachtet, zum anderen die Funktion die sich ergibt, wenn man mittels Gl. [76a] von x, y auf Polarkoordinaten r, φ übergeht:

$$z(r,\varphi) = \frac{1}{1 + r^2}.$$

In ihrer graphischen Darstellung geben beide dasselbe Bild*).

Von beiden Funktionen werden die partiellen Ableitungen berechnet, indem man die erste nach x und y differenziert, die zweite nach r und φ. Das sind insgesamt vier neue Funktionen, die wahlweise (wieder nach Gl. [76]) in den Variablen x und y oder aber r und φ ausgedrückt werden können, wobei sich selbstverständlich das Bild ihrer graphischen Darstellung nicht ändert.

$$
\begin{array}{ll}
z(x,y) = \dfrac{1}{1 + x^2 + y^2} & \rightleftharpoons \quad z(r,\varphi) = \dfrac{1}{1 + r^2} \\[2mm]
z_x(x,y) = -\dfrac{2x}{(1 + x^2 + y^2)^2} & \longrightarrow \quad z_x(r,\varphi) = -\dfrac{2r\cos\varphi}{(1 + r^2)^2} \\[2mm]
z_y(x,y) = -\dfrac{2y}{(1 + x^2 + y^2)^2} & \longrightarrow \quad z_y(r,\varphi) = -\dfrac{2r\sin\varphi}{(1 + r^2)^2} \\[2mm]
z_r(x,y) = -\dfrac{2\sqrt{x^2 + y^2}}{(1 + x^2 + y^2)^2} & \longleftarrow \quad z_r(r,\varphi) = -\dfrac{2r}{(1 + r^2)^2} \\[2mm]
z_\varphi(x,y) = \quad 0 & \longleftarrow \quad z_\varphi(r,\varphi) = \quad 0
\end{array}
$$

---

*) Die Funktionen und ihre Ableitungen ($\partial z/\partial x = z_x$ etc.) sind so bezeichnet, daß zu gleichen Funktionssymbolen auch die gleichen Darstellungsflächen gehören, ohne Rücksicht auf die gewählten Koordinaten. Das wird zur Verdeutlichung des sachlichen Zusammenhanges gern getan, obwohl es natürlich gegen die Regel verstößt, verschiedene Rechenvorschriften auch durch verschiedene Funktionssymbole zu kennzeichnen. (Offensichtlich unterscheiden sich ja im Beispiel die durch $z(x,y)$ und $z(r,\varphi)$ ausgedrückten Rechenvorschriften schon deshalb, weil sich die erste auf zwei, die zweite nur auf eine der beiden Variablen auswirkt.)

Die Pfeile in der Übersicht deuten folgenden Rechenweg an: Man leitet direkt nach den benutzten Variablen ab (vertikale Pfeile) und geht dann durch Substitution nach Gl. [76] zu den anderen Variablen über (horizontale Pfeile). Mit dem gleichen Ergebnis kann man aber statt dessen auch Gl. [176] benutzen, also, um nur eine der verschiedenen Möglichkeiten zu nennen, z_r aus z_x und z_y berechnen, wie es in der Übersicht durch gestrichelte Pfeile angedeutet ist.

In Abb. 4.4. sind die zugehörigen graphischen Darstellungen zusammengefaßt. Es empfiehlt sich, den qualitativen Zusammenhang der Funktionsbilder zunächst einmal anschaulich zu verfolgen. Die rechnerischen Ergebnisse braucht man dazu gar nicht, sondern nur die Bedeutung des partiellen Differentialquotienten als Steigungsmaß der Tangente in der betreffenden Koordinatenrichtung (genauer: in einem Schnitt längs der betreffenden Koordinatenrichtung). – Wie gesagt, ist es wichtig, dabei zweierlei zu unterscheiden: (α) Die Schnittrichtung, das ist die Richtung, in der man *differenziert* (durch sie wird der betreffende Differentialoperator festgelegt und dadurch an jeder Stelle ein neuer Funktionswert erzeugt); (β) die Richtung, in der man über die Funktionsfläche zur nächsten Stelle *wandert* (sie beschreibt letzten Endes nur das Netz, mit dessen Hilfe man das Funktionsbild verdeutlicht).

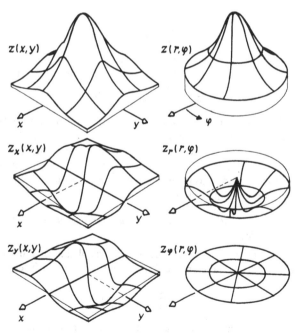

Abb. 4.4. Eine Ortsfunktion und ihre Ableitungen nach den verschiedenen Variablen

(III) Allgemeiner Fall: Wechsel der zwei unabhängigen Variablen

So wie in den vorangegangenen Beispielen verfährt man allgemein, wenn man in den analytischen Ausdruck für die Funktion $z = f(x,y)$ statt der unabhängigen Variablen x und y zwei neue, sagen wir u und v, einführen will, wozu die Transformationsgleichungen

$$x = g(u,v),$$
$$y = h(u,v) \qquad\qquad [178]$$

gegeben seien.

(α) Die Funktion und ihre partiellen Ableitungen mögen in den ursprünglichen Variablen bereits bekannt sein und sollen zum Ausgangspunkt der Umrechnung genommen werden. Die partiellen Ableitungen nach den neuen Variablen sind, ausgedrückt durch diejenigen nach den alten (nämlich $\partial z/\partial x$ und $\partial z/\partial y$), auf Grund der Kettenregel Gl. [174] erhältlich. Sie lauten

$$\frac{\partial z}{\partial u} = \frac{\partial z}{\partial x}\frac{\partial x}{\partial u} + \frac{\partial z}{\partial y}\frac{\partial y}{\partial u},$$

$$\frac{\partial z}{\partial v} = \frac{\partial z}{\partial x}\frac{\partial x}{\partial v} + \frac{\partial z}{\partial y}\frac{\partial y}{\partial v}. \qquad\qquad [179]$$

Damit läßt sich dann das totale Differential der Funktion, das analog Gl. [168] zu bilden ist, mit den neuen Variablen hinschreiben:

$$dz = \frac{\partial z}{\partial u}\,du + \frac{\partial z}{\partial v}\,dv, \qquad\qquad [180]$$

und weiter auch der totale Differentialquotient nach Gl. [169]*).

(β) Zum selben Ergebnis führt folgender Rechenweg: Man substituiert von vornherein in $z = f(x,y)$ die alten durch die neuen Variablen und bildet durch Differenzieren nach u resp. nach v unmittelbar die partiellen Ableitungen und damit dann das totale Differential oder den totalen Differentialquotienten.

(IV) Spezieller Fall: Wechsel der abhängigen und einer unabhängigen Variablen

Wir betrachten jetzt eine ganz andere Problematik. Zunächst sei das totale Differential einer Funktion $z = f(x,y)$ hingeschrieben:

$$dz = \frac{\partial z}{\partial x}\,dx + \frac{\partial z}{\partial y}\,dy.$$

---

*) Das totale Differential dz nach Gl. [168] wird im allgemeinen nicht den gleichen Wert haben wie dz nach Gl. [180], weil man ja die Differentiale der unabhängigen Variablen beliebig und ohne Rücksicht aufeinander wählen kann.

Die partiellen Ableitungen sind ihrerseits Variable, nämlich Funktionen von x und y. Um das hervorzuheben, bezeichnen wir sie mit $g = g(x,y)$ und $h = h(x,y)$ und schreiben:

$$dz = g\,dx + h\,dy. \qquad [181]$$

Um die Ausdrücke allgemein zu halten, benutzen wir ausnahmsweise nicht die Bezeichnungen f_x und f_y, merken aber an, daß wegen Gl. [172] g und h natürlich nicht ganz beliebig sein können. Es soll vielmehr

$$\partial g/\partial y = \partial h/\partial x$$

gelten.

Einen Ausdruck der Form Gl. [181] kann man auch so interpretieren: *Wenn man x und y als unabhängige Variable wählt* – das sind die in den Differentialen auf der rechten Seite stehenden Variablen –, *kann man das Differential dz einer Funktion z mit Hilfe zweier weiterer, passend gewählter („konjugierter") Variabler g und h formulieren.*

Wir wollen nun die Variablen in einer ganz speziellen Weise wechseln: Die Rollen einer unabhängigen Variablen und der bei ihr stehenden konjugierten Variablen sollen vertauscht werden. Wir wollen z.B. erreichen, daß auf der rechten Seite eines totalen Differentials wie Gl. [181] der Summand $g\,dx$ verschwindet und statt dessen ein Summand $x\,dg$ auftaucht. Damit wird nur eine der unabhängigen Variablen gewechselt ($x \rightarrow g$), während die zweite (y) erhalten bleibt. Dieser Übergang ist durch die Form des Summanden, die wir zu erreichen wünschen, festgelegt und von weiterer Willkür frei. Es wäre verwegen zu erwarten, daß der neue Ausdruck nach wie vor das Differential derselben Funktion z sein könnte. Deshalb werden wir weiterhin vorsehen, die abhängige Variable z in eine neue abhängige Variable $\tilde{z}$ zu transformieren ($z \rightarrow \tilde{z}$).

Wir erweitern Gl. [181] beiderseits mit $-x\,dg$ und formen wie folgt um:

$$dz - x\,dg = g\,dx + h\,dy - x\,dg,$$
$$dz - g\,dx - x\,dg = -x\,dg + h\,dy.$$

Auf der rechten Seite steht schon die gewünschte Kombination von Summanden (der neue Summand erscheint negativ, was aber nicht stört). Die drei Summanden auf der linken Seite sind das Differential einer neuen Funktion

$$\tilde{z} = z - gx,$$

wie man durch Anwendung der Produktregel (Gl. [128], geschrieben mit Differentialen) sieht:

$$d\tilde{z} = dz - d(gx) = dz - g\,dx - x\,dg.$$

Damit ist die gestellte Aufgabe bereits gelöst; das Ergebnis fassen wir in Gl. [182] zusammen.

Durch Vertauschung der Rollen von g und x in Gl. [181] erhält man das totale Differential

$$d\tilde{z} = -x\,dg + h\,dy \qquad [182a]$$

einer neuen abhängigen Variablen

$$\tilde{z} = z - gx; \qquad [182b]$$

diese hat man als Funktion der beiden unabhängigen Variablen g und y aufzufassen: $\tilde{z} = \tilde{z}(g,y)$.

Die Umformung von Gl. [181] in Gl. [182] wird als *Legendre*-Transformation bezeichnet. Sie spielt eine Rolle in der Thermodynamik, wo man mit ihrer Hilfe – je nach Wunsch und Bedarf – verschiedene Sätze von unabhängigen Variablen und zugehörigen konjugierten Variablen zusammenstellen kann, *so daß immer die Schreibweise als totales Differential einer Funktion möglich ist.* (Über die besondere Bedeutung solcher Funktionen → Kap. 4.2.II.)

4.1.3. Funktionaldeterminanten als Rechenhilfsmittel

(I) Schwierigkeiten beim Rechnen mit partiellen Differentialquotienten

Das Rechnen mit partiellen Ableitungen bringt, wenn man mit wechselnden Variablen arbeitet, manchmal gewisse Unübersichtlichkeiten mit sich. Wir betrachten dazu ein Beispiel.

Von der Umrechnung in Polarkoordinaten kennt man die Beziehung

$$x = r\cos\varphi,$$

aus der sich

$$\frac{\partial x}{\partial r} = \cos\varphi$$

ergibt. – Bei der Rückrechnung von Polarkoordinaten in kartesische ist

$$r = \sqrt{x^2 + y^2}.$$

Aus dieser Beziehung leitet man ab:

$$\frac{\partial r}{\partial x} = \frac{x}{\sqrt{x^2 + y^2}} = \frac{x}{r} = \cos\varphi.$$

Ein Vergleich mit oben zeigt das merkwürdig aussehende Ergebnis

$$\frac{\partial x}{\partial r} = \frac{\partial r}{\partial x}.$$

Daran sieht man zunächst den Merksatz bestätigt, daß man *mit partiellen Differentialquotienten nicht wie mit Brüchen rechnen darf.* Der Grund liegt in der Unvollständigkeit der Schreibweise. Wir meinen ja genauer, indem wir die jeweils konstant gehaltene Variable zufügen:

$$\frac{\partial x}{\partial r} = \left(\frac{\partial x}{\partial r}\right)_\varphi$$

und

$$\frac{\partial r}{\partial x} = \left(\frac{\partial r}{\partial x}\right)_y.$$

Nur wenn die festgehaltenen Variablen beidesmal die *gleichen* wären, könnte man mit Recht vermuten, daß die beiden partiellen Differentialquotienten zueinander reziprok seien.

Um Mißverständnisse dieser Art zu vermeiden, pflegt man deshalb die festgehaltenen Variablen immer dann anzugeben, wenn sie sich nicht von selbst verstehen. Dennoch erfordert das Rechnen mit partiellen Ableitungen einige Aufmerksamkeit. Hier bietet es sich als *Rechenhilfsmittel* an, auf die sog. *Funktionaldeterminanten* zurückzugreifen, mit denen man mehr formalistisch arbeiten kann und dabei oft noch rascher ein Ergebnis erzielt als beim Rechnen mit partiellen Ableitungen.

Auf die Herkunft und Bedeutung der Funktionaldeterminanten werden wir im folgenden nur kurz eingehen, um sie sodann als Ersatz-Schreibweise partieller Differentialquotienten mit einfachen Rechenregeln vorzuführen.

(II) Die Funktionaldeterminante

Wir wollen zunächst den Problemkreis skizzieren, in dem die Funktionaldeterminanten auftauchen, und ihre Bedeutung zu veranschaulichen suchen.

Ausgangspunkt ist die in Abschnitt 4.1.2.III gegebene Situation: Wechsel von den zwei unabhängigen Variablen x, y zu zwei neuen Variablen, u, v. Dazu seien die Transformationsgleichungen wie in Gl. [178] gegeben:

$$x = x(u, v); \quad y = y(u, v),$$

sowie umgekehrt

$$u = u(x, y); \quad v = v(x, y).$$

(Der Übersichtlichkeit halber haben wir keine eigenen Buchstaben als Funktionssymbole benutzt.)

Die Linien $u = $ const und $v = $ const überziehen die x-y-Ebene mit einem neuen Koordinatennetz. Wir wollen voraussetzen, daß es (wie die kartesischen Koordinaten) *rechtwinklig* – wenn auch im allgemeinen krummlinig – ist. Deshalb muß für die neuen Variablen noch eine zusätzliche Bedingung bestehen, die sich aus Gl. [193] zu

$$\frac{\partial u}{\partial x} \frac{\partial v}{\partial x} + \frac{\partial u}{\partial y} \frac{\partial v}{\partial y} = 0 \qquad [183]$$

ergibt.

Wir richten nun unser Augenmerk auf ein differentielles Wegstück der Länge ds, das wir sowohl in den x-y-Koordinaten als auch in den u-v-Koordinaten betrachten wollen. Ein solches Wegstück wird allgemein als *Linienelement* bezeichnet und, um Betrag und Richtung zugleich darzustellen, als differentieller Vektor (d$\vec{s}$) aufgefaßt. Wie Abb. 4.5.a zeigt, läßt es sich aus den Differentialen dx und dy, die die übliche Bedeutung haben, zusammensetzen:

$$\mathrm{d}\vec{s} = \mathrm{d}\vec{x} + \mathrm{d}\vec{y}. \qquad [184a]$$

Die Vektoren d$\vec{x}$ und d$\vec{y}$ sind *spezielle Linienelemente*, nämlich solche *in den betreffenden Koordinatenrichtungen*.

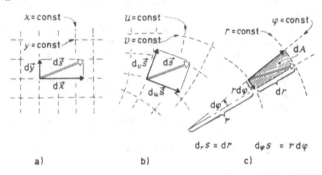

Abb. 4.5. Linienelement d$\vec{s}$ a) in kartesischen Koordinaten, b) in beliebigen rechtwinkligen Koordinaten, c) in Polarkoordinaten (mit Flächenelement dA)

Im u-v-System wird *dasselbe* Linienelement d$\vec{s}$ durch zwei andere Komponenten darzustellen sein (Abb. 4.5.b):

$$\mathrm{d}\vec{s} = \mathrm{d}_u\vec{s} + \mathrm{d}_v\vec{s}. \qquad [184b]$$

Die beiden Summanden rechts sind wieder die speziellen Linienelemente in u-Richtung (Betrag d$_u$$s$) resp. in v-Richtung (Betrag d$_v$$s$), aufgefaßt als Vektoren.

Linienelemente und Differentiale sind hier sorgfältig zu unterscheiden. Bei Ortskoordinaten stellen z.B. die Linienelemente in u- und v-Richtung wahre, geometrische Abstände dar. Die beiden Differentiale du resp. dv sind hingegen Zählabstände, die den Zuwachs in den Skalen-Werten der (krummen) Netzlinien wiedergeben. Nur in kartesischen Koordinaten ist definitionsgemäß d$_x$$s$ = dx, d$_y$$s$ = dy und daher eine Unterscheidung nicht erforderlich.

Zwischen den Linienelementen in Koordinatenrichtung und den entsprechenden Differentialen besteht nun der folgende Zusammenhang:

$$\mathrm{d}_u s = \sqrt{\left(\frac{\partial x}{\partial u}\right)^2 + \left(\frac{\partial y}{\partial u}\right)^2}\,\mathrm{d}u,$$

$$\mathrm{d}_v s = \sqrt{\left(\frac{\partial x}{\partial v}\right)^2 + \left(\frac{\partial y}{\partial v}\right)^2}\,\mathrm{d}v. \qquad [185]$$

Um diese Gleichungen zu bestätigen, kann man mit ihnen $\mathrm{d}s^2 = \mathrm{d}_u s^2 + \mathrm{d}_v s^2$ bilden und vergleichen mit dem Wert, der auf folgendem Weg berechnet wird. In $\mathrm{d}s^2 = \mathrm{d}x^2 + \mathrm{d}y^2$ werden die totalen Differentiale

$$\mathrm{d}x = \frac{\partial x}{\partial u}\,\mathrm{d}u + \frac{\partial x}{\partial v}\,\mathrm{d}v \quad \text{und} \quad \mathrm{d}y = \frac{\partial y}{\partial u}\,\mathrm{d}u + \frac{\partial y}{\partial v}\,\mathrm{d}v$$

eingesetzt. Bei der folgenden Umformung wird Gl. [183] beachtet. Man findet Übereinstimmung der beiden Werte $\mathrm{d}s^2$, womit Gl. [185] bestätigt ist.

Mit Hilfe der Linienelemente kann man nun auch ein zweidimensionales *Flächenelement* $\mathrm{d}A$ definieren. Das ist die in Abb. 4.5. von $\mathrm{d}\vec{x}$, $\mathrm{d}\vec{y}$ oder allgemein von $\mathrm{d}_u\vec{s}$, $\mathrm{d}_v\vec{s}$ aufgespannte Fläche, wegen der als rechtwinklig vorausgesetzten Koordinaten also ein Rechteck. Die Flächenelemente sind ersichtlich nicht immer gleich. In kartesischen Koordinaten ist

$$\mathrm{d}A = \mathrm{d}x\,\mathrm{d}y. \tag{186a}$$

In u-v-Koordinaten ist $\mathrm{d}A = \mathrm{d}_u s\,\mathrm{d}_v s$, oder mit Gl. [185] unter Beachtung von Gl. [183]:

$$\mathrm{d}A = \left(\frac{\partial x}{\partial u}\,\frac{\partial y}{\partial v} - \frac{\partial x}{\partial v}\,\frac{\partial y}{\partial u}\right)\mathrm{d}u\,\mathrm{d}v. \tag{186b}$$

Der Klammerausdruck in Gl. [186b], der dort die Rolle eines Umrechnungsfaktors für Flächenelemente spielt, heißt *Funktionaldeterminante D*)*. Die Bezeichnung rührt daher, daß man ($\rightarrow$ Kap. 9.2.1.)

$$D = \frac{\partial x}{\partial u}\,\frac{\partial y}{\partial v} - \frac{\partial x}{\partial v}\,\frac{\partial y}{\partial u}$$

$$= \begin{vmatrix} \dfrac{\partial x}{\partial u} & \dfrac{\partial y}{\partial u} \\[2mm] \dfrac{\partial x}{\partial v} & \dfrac{\partial y}{\partial v} \end{vmatrix} \tag{187a}$$

schreiben kann. Als abkürzende Schreibweise, in der dennoch die benutzten Variablen alle aufgeführt sind, ist das Symbol

$$D = \frac{\partial(x,y)}{\partial(u,v)} \tag{187b}$$

gebräuchlich.

Beispiel: In Polarkoordinaten ist nach Gl. [76a] mit $u = r$, $v = \varphi$:

$$\frac{\partial x}{\partial r} = \cos\varphi\,; \quad \frac{\partial x}{\partial \varphi} = -r\sin\varphi\,;$$

$$\frac{\partial y}{\partial r} = \sin\varphi\,; \quad \frac{\partial y}{\partial \varphi} = r\cos\varphi$$

und damit

$$D = r. \tag{188a}$$

---

*) *Jacobi*sche Determinante; „*Jacobian*" (engl.).

Also ist das Flächenelement

$$dA = r\,dr\,d\varphi.$$ [188b]

Anschaulich erkennt man letzteres an Abb. 4.5.c, wo die Seiten des differentiellen Flächenelements durch die Differentiale dr und $d\varphi$ ausgedrückt sind.

(III) Die Funktionaldeterminante als Substitut für partielle Ableitungen

Wir setzen in Gl. [187] $y = v$. Dann ist wegen $\partial v/\partial u = 0$ (v ist unabhängig von u!)

$$\frac{\partial(x,v)}{\partial(u,v)} = \frac{\partial x}{\partial u}.$$

Die rechte Seite ist die Ableitung unter Konstanthaltung der Variablen v; also ist genauer:

$$\frac{\partial(x,v)}{\partial(u,v)} = \left(\frac{\partial x}{\partial u}\right)_v.$$

Entsprechend erhält man mit $x = u$:

$$\frac{\partial(u,y)}{\partial(u,v)} = \left(\frac{\partial y}{\partial v}\right)_u.$$

In den speziellen Fällen, daß an erster oder zweiter Position des Symbols der Funktionaldeterminante in „Zähler" und „Nenner" die gleiche Größe steht, entartet sie zu einem partiellen Differentialquotienten. Diese Eigenschaft kann man umgekehrt anwenden, um einen partiellen Differentialquotienten in Form einer Funktionaldeterminante zu schreiben. Dazu ergeben sich im vorliegenden Fall folgende Möglichkeiten:

$$\left(\frac{\partial x}{\partial u}\right)_v = \frac{\partial(x,v)}{\partial(u,v)} = \frac{\partial(v,x)}{\partial(v,u)};$$

$$\left(\frac{\partial x}{\partial v}\right)_u = \frac{\partial(x,u)}{\partial(v,u)} = \frac{\partial(u,x)}{\partial(u,v)};$$

$$\left(\frac{\partial y}{\partial u}\right)_v = \frac{\partial(y,v)}{\partial(u,v)} = \frac{\partial(v,y)}{\partial(v,u)};$$

$$\left(\frac{\partial y}{\partial v}\right)_u = \frac{\partial(y,u)}{\partial(v,u)} = \frac{\partial(u,y)}{\partial(u,v)}.$$

[189]

Die festzuhaltende Variable ist jeweils an zweiter oder erster Position in die Funktionaldeterminante aufgenommen worden.

Die Schreibweise der partiellen Ableitung als Funktionaldeterminante ist deshalb als Rechenhilfsmittel nützlich, weil für Funktionaldeterminanten einfache und übersichtliche Rechenregeln gelten.

(IV) Rechenregeln für Funktionaldeterminanten

(α) Vertauschung der Reihenfolge der im „Zähler" oder im „Nenner" des Symbols notierten Variablen ändert nur das Vorzeichen:

$$\frac{\partial(x,y)}{\partial(u,v)} = - \frac{\partial(y,x)}{\partial(u,v)} = - \frac{\partial(x,y)}{\partial(v,u)}.$$ [190]

Daher verstehen sich die rechten Seiten der Gl. [189] von selbst.

(β) Mit den symbolisch nach Gl. [187b] geschriebenen Funktionaldeterminanten darf man wie mit gewöhnlichen Brüchen rechnen. Insbesondere darf man „kürzen":

$$\frac{\partial(x,y)}{\partial(\zeta,\eta)} \frac{\partial(\zeta,\eta)}{\partial(u,v)} = \frac{\partial(x,y)}{\partial(u,v)},$$ [191a]

und darf das Reziproke bilden:

$$\frac{\partial(x,y)}{\partial(u,v)} = 1 \Big/ \frac{\partial(u,v)}{\partial(x,y)}.$$ [191b]

Diese Rechenregeln erlauben es in Zweifelsfällen, Ausdrücke, die partielle Differentialquotienten enthalten, auf dem formal einfachen Umweg über die Funktionaldeterminanten zu behandeln.

(V) Beispiele

(α) Die einleitend erwähnten Ableitungen sind in der substituierenden Schreibweise:

$$\frac{\partial x}{\partial r} = \frac{\partial(x,\varphi)}{\partial(r,\varphi)}$$

und

$$\frac{\partial r}{\partial x} = \frac{\partial(r,y)}{\partial(x,y)}.$$

Nach Gl. [191b] ist klar, daß sie nicht zueinander reziprok sein können (wie man naiverweise hätte erwarten können). Ihre Gleichheit ist freilich auch in der veränderten Schreibweise nicht sofort zu sehen; man muß sie berechnen.

(β) Es sei eine Funktion

$$u = u(x,y)$$

gegeben, die sich auch auflösen läßt in die beiden Formen

$$x = x(y,u)$$

und

$$y = y(u,x).$$

Wir nehmen von jeder der drei Formen einen der partiellen Differentialquotienten, nämlich $\partial u/\partial x$, $\partial x/\partial y$, $\partial y/\partial u$, und berechnen deren Produkt. Das geht auf dem Wege über Funktionaldeterminanten ganz einfach:

71

$$\frac{\partial u}{\partial x} \frac{\partial x}{\partial y} \frac{\partial y}{\partial u} = \frac{\partial(u,y)}{\partial(x,y)} \frac{\partial(x,u)}{\partial(y,u)} \frac{\partial(y,x)}{\partial(u,x)},$$

weiter nach Vertauschen aller „Zähler"-Variablen gemäß Gl. [190]:

$$= -\frac{\partial(y,u)}{\partial(x,y)} \frac{\partial(u,x)}{\partial(y,u)} \frac{\partial(x,y)}{\partial(u,x)},$$

und schließlich durch „Kürzen" nach Gl. [191a]:

$$= -1.$$

Es kommt also keineswegs das Ergebnis $+1$ heraus, wie man es durch das (unzulässige) „Kürzen" der partiellen Differentialquotienten herbeimogeln könnte.

Dieses Ergebnis wird in der Thermodynamik benutzt, wo x, y, u Zustandsgrößen (Temperatur, Volumen, Druck) sind und die Ableitungen bestimmte Stoffeigenschaften (Ausdehnungskoeffizient etc.) repräsentieren.

4.2. Einige Anwendungen

(I) Differentiation implizit gegebener Funktionen

In Kap. 3.2.1.III hatten wir das Differenzieren einer speziellen Art impliziter Funktionen behandelt. Mit Hilfe der partiellen Ableitungen können wir jetzt auch den allgemeinen Fall bearbeiten. Sei also gemäß Gl. [65]

$$F(x,y) = 0 \qquad\qquad [192a]$$

die implizite analytische Darstellung der Funktion *einer* Variablen, von der die Ableitung dy/dx gesucht ist. Wir bilden nach Gl. [169] den totalen Differentialquotienten dF/dx der linken Seite, der (wegen der rechten Seite) gleich Null ist:

$$\frac{dF}{dx} = \frac{\partial F}{\partial x} + \frac{\partial F}{\partial y} \frac{dy}{dx} = 0^*).$$

Daraus folgt die gesuchte Ableitung:

$$\frac{dy}{dx} = -\frac{\dfrac{\partial F}{\partial x}}{\dfrac{\partial F}{\partial y}}. \qquad\qquad [192b]$$

---

*) Man hat „die Gleichung differenziert", nämlich Gl. [192a].
Beispiel: $x^2 + y^2 - r^2 = 0$ ergibt differenziert: $2x + 2y\,dy/dx = 0$; daraus folgt $dy/dx = -x/y$, entsprechend Gl. [192b].

Als Anwendungsbeispiel fragen wir nach dem Schnittwinkel zweier Kurven, die durch $F(x,y) = 0$ und $G(x,y) = 0$ gegeben sind. (Wir nehmen an, daß x und y Ortskoordinaten sind, so daß der Schnittwinkel tatsächlich geometrische Bedeutung hat.)

Der gesuchte Winkel σ ist die Differenz der Steigungswinkel beider Kurven an der Schnittstelle: $\sigma = \alpha_F - \alpha_G$. Durch die Ableitungen sind $\tan \alpha_F$ und $\tan \alpha_G$ bekannt. Unter den trigonometrischen Additionstheoremen findet man

$$\tan \sigma = \frac{\tan \alpha_F - \tan \alpha_G}{1 + \tan \alpha_F \tan \alpha_G}.$$

Also ist

$$\tan \sigma = \frac{\left(\dfrac{dy}{dx}\right)_F - \left(\dfrac{dy}{dx}\right)_G}{1 + \left(\dfrac{dy}{dx}\right)_F \left(\dfrac{dy}{dx}\right)_G} = \frac{\dfrac{\partial F}{\partial y}\dfrac{\partial G}{\partial x} - \dfrac{\partial F}{\partial x}\dfrac{\partial G}{\partial y}}{\dfrac{\partial F}{\partial x}\dfrac{\partial G}{\partial x} + \dfrac{\partial F}{\partial y}\dfrac{\partial G}{\partial y}}. \qquad [193]$$

Wenn sich die Kurven in einem Punkt aneinanderschmiegen, ist $\sigma = 0$, also der Zähler des obigen Bruches gleich Null. Wenn sich die Kurven senkrecht schneiden, ist $\sigma = \pi/2$, also der Nenner gleich Null. Letzteres ist eine Orthogonalitätsbedingung.

(II) Funktionen, die partielle Ableitungen einer anderen Funktion sind. Potentiale

Schreiben wir das totale Differential einer bekannten Funktion $z = f(x,y)$ nach Gl. [168] auf, so treten darin in Gestalt der partiellen Differentialquotienten zwei neue Funktionen auf. Deutlich wird das, wenn man – wie schon in Gl. [181] – so schreibt:

$$df(x,y) = g(x,y)\,dx + h(x,y)\,dy.$$

Indem man diese Gleichung von links nach rechts liest, folgt man zugleich dem Entwicklungszusammenhang: Aus einer Funktion, f, werden zwei neue Funktionen, g und h, „abgeleitet".

Wir wollen uns jetzt mit der wichtigen Frage befassen, ob man auch in umgekehrter Richtung schließen kann. Zwei bekannte Funktionen, g und h, werden zu einer *linearen (Pfaff*schen) *Differentialform*

$$g(x,y)\,dx + h(x,y)\,dy \qquad [194]$$

kombiniert. Darf man nun diesen ganzen Ausdruck als totales Differential einer Funktion $z = f(x,y)$ verstehen und demzufolge als dz schreiben? Läßt sich, anders gefragt, für einen solchen Ausdruck mit zwei ganz beliebigen Funktionen stets und ohne Einschränkung eine andere Funktion finden, deren totales Differential er ist? Diese Frage zielt zunächst auf die Zulässigkeit, auch Eindeutigkeit, des Schlusses überhaupt, ohne die Funktion $z = f(x,y)$ im einzelnen schon angeben zu wollen.

Zur Antwort genügt ein Blick auf den Stammbaum, der im Anschluß an Gl. [171] gezeigt ist. Damit die fragliche Interpretation als totales Differential möglich ist, müßten folgende Beziehungen zutreffen: Es wären g und h die partiellen Ableitungen 1. Ordnung der noch unbekannten Funktion z, und dies wiederum hätte wegen des Satzes von *Schwarz*, Gl. [172], zur Folge, daß

$$\frac{\partial g}{\partial y} = \frac{\partial h}{\partial x} \,{}^*) \qquad\qquad [195]$$

ist. *Gilt diese Beziehung, so ist die lineare Differentialform Gl. [194] das totale Differential einer anderen Funktion $z(x,y)$, und g und h sind die partiellen Ableitungen von z:*

$$g\,\mathrm{d}x + h\,\mathrm{d}y = \mathrm{d}z \quad \text{mit} \quad g = \frac{\partial z}{\partial x}, \; h = \frac{\partial z}{\partial y}. \qquad [196]$$

Erweiterung: Hat man Funktionen von drei Variablen, $g(x,y,z)$, $h(x,y,z)$ und $k(x,y,z)$, die eine lineare Differentialform

$$g(x,y,z)\,\mathrm{d}x + h(x,y,z)\,\mathrm{d}y + k(x,y,z)\,\mathrm{d}z$$

bilden, so ist diese das totale Differential einer anderen Funktion $u(x,y,z)$, also gleich $\mathrm{d}u$, falls in Erweiterung von Gl. [195] gilt:

$$\frac{\partial g}{\partial y} = \frac{\partial h}{\partial x} \quad und \quad \frac{\partial g}{\partial z} = \frac{\partial k}{\partial x} \quad und \quad \frac{\partial h}{\partial z} = \frac{\partial k}{\partial y}.$$

Beispiele: (α) $x\,\mathrm{d}x + y\,\mathrm{d}y$ ist ein totales Differential, da Gl. [195] befriedigt ist. Die abgeleitete Funktion lautet $z(x,y) = \frac{1}{2}(x^2 + y^2)$.

(β) $y\,\mathrm{d}x + x\,\mathrm{d}y$ ist das totale Differential von $z = xy$.

(γ) $y^2\,\mathrm{d}x + x^2\,\mathrm{d}y$ ist dagegen kein totales Differential, da Gl. [195] nicht gilt (die Bedingung muß natürlich für *beliebige*, nicht nur für spezielle Werte x und y erfüllt sein).

Den Grund dafür, daß nicht jede beliebige Differentialform wie Gl. [194] ein totales Differential sein kann, versucht Abb. 4.6. zu illustrieren. Sie zeigt zunächst für eine Funktion *einer* Variablen, wie man den Funktionsverlauf durch Tangentenstückchen als Polygonzug approximieren kann, während man schrittweise von einem Punkt x_1 zu einem anderen, x_2, geht. In entsprechender Weise ist eine Funktion von zwei Variablen zu approximieren, indem man, von einem Punkt (x_1, y_1) beginnend, Stücken von Tangentialebenen gleichsam

---

*) Merkregel mit Blick auf Gl. [194]: Zu vergleichen sind jeweils die Ableitungen nach der „anderen", nicht im „eigenen" Differential stehenden Variablen.

schuppenartig aneinandergefügt. Nun kann man aber zu ein und demselben Endpunkt (x_2, y_2) auf *verschiedenen* Wegen gelangen. Dort müssen alle Schuppenreihen zum selben Ergebnis führen, wenn das Ganze eine eindeutige Funktion veranschaulichen soll. Das geht aber nur, falls die einzelnen Schuppen be-

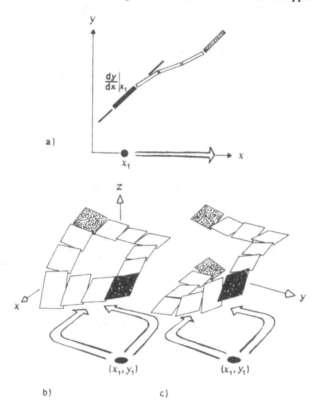

Abb. 4.6. Stückweise Approximation einer Funktion aus der Kenntnis der Ableitungen. a) Funktion einer Variablen; b, c) Funktion zweier Variabler; bei b) ist Gl. [195] erfüllt, das Ergebnis ist wegunabhängig, bei c) nicht

züglich ihrer Schräglage gewissen Bedingungen folgen – und zwar gerade den in Gl. [195] implizierten. Dieser hier nur qualitativ skizzierte Sachverhalt wird in Kap. 6.2.2. präzisiert. – Man sieht jedenfalls, daß es sich um ein Problem handelt, welches bei Funktionen *einer* Variablen gar nicht auftreten kann.

Potentiale. Nach Tab. 3.1. ist die differentielle Arbeit bei Bewegung um ds gegen eine Kraft F gegeben durch d$W = F$ds. Das gilt, soweit Weg und Kraft parallel sind. Beide sind aber vektorielle Größen, die im allgemeinen beliebig gerichtet sind; daher ist vollständiger

$$dW = \vec{F} \cdot \vec{ds} \quad \text{(Skalarprodukt)}$$

zu schreiben. Wenn $\vec{F}$ die vorgefundene Kraft bedeutet, *gegen* die eine Verschiebung unter Arbeitsaufwand erfolgt, so bekommt *aufgewandte* Arbeit ein *negatives* Vorzeichen.

Arbeit kann (muß aber nicht) aufgewandt werden, um die potentielle Energie V um dV zu erhöhen (man denke etwa an die Verschiebung eines Atoms gegen die von seinen Nachbarn ausgeübten Kräfte). Nach der getroffenen Vorzeichenfestlegung ist $dV = -dW$ (die potentielle Energie *steigt*, wenn man *gegen* eine Kraft verschiebt), also

$$dV = -\vec{F} \cdot \vec{ds}\,*) \qquad \qquad [197a]$$

oder in Komponenten

$$dV = -(F_x\,dx + F_y\,dy + F_z\,dz). \qquad \qquad [197b]$$

Nun ist es so, daß die Änderung der potentiellen Energie nur von der schließlich resultierenden Verschiebung abhängt, nicht aber von den Einzelheiten des Weges (wie im analogen Beispiel der Abb. 4.6.). Wäre dem nicht so, hätte der Begriff der potentiellen Energie nicht seine eminente physikalische Bedeutung. Man kann also davon ausgehen, daß es sich bei der vorstehenden Gleichung um das totale Differential einer Funktion (nämlich V) handelt. Dann sind aber notwendigerweise die in der linearen Differentialform stehenden Funktionen die partiellen Ableitungen der Funktion V. Es handelt sich stets um *Funktionen der in den Differentialen genannten Variablen*, hier also, ausführlich geschrieben, um:

$$-F_x(x,y,z) = \frac{\partial V(x,y,z)}{\partial x},$$

$$-F_y(x,y,z) = \frac{\partial V(x,y,z)}{\partial y}, \qquad \qquad [197c]$$

$$-F_z(x,y,z) = \frac{\partial V(x,y,z)}{\partial z}.$$

In Anlehnung an dieses Beispiel aus der Mechanik ist allgemein in naturwissenschaftlichen Anwendungen der Terminus „Potential" üblich, wenn man Funktionen mit formal gleichen Eigenschaften hat, auch dann, wenn die Variablen keine Ortskoordinaten sind.

Zur Terminologie läßt sich zusammenfassend (und unter Rückgriff auf den schon in Kap. 4.1.2.IV geübten Sprachgebrauch) das Folgende

---

*) Das Vorzeichen ist eine Sache der physikalischen Konvention. Es ist für die allgemeinen Betrachtungen unerheblich.

sagen. Bleiben wir der Einfachheit halber beim Fall von zwei unabhängigen Variablen, x und y. Seien ferner g und h zwei Größen („konjugierte Variable"), die Funktionen von x und y sind und als solche der Gl. [195] gehorchen, so daß also die Differentialform $g\,dx + h\,dy$ ein totales Differential dz ist. Dann nennt man die dahinter steckende Funktion $z(x,y)$ eine *Potentialfunktion*. Die *konjugierten Variablen, g und h, sind die partiellen Ableitungen des Potentials nach den unabhängigen Variablen, x und y.*

Angewandt wird diese Betrachtungsweise z. B. in der Thermodynamik, wofür wir ohne weitere Erläuterung ein Beispiel aufführen. Sind Druck p und Temperatur T die unabhängigen Variablen, so sind Volumen V und Entropie S die konjugierten Variablen. Das zugehörige Potential heißt freie Enthalpie G. Sein totales Differential ist

$$dG = V\,dp - S\,dT,$$

und V und S sind die partiellen Ableitungen des Potentials G:

$$V = \left(\frac{\partial G}{\partial p}\right)_T, \quad S = -\left(\frac{\partial G}{\partial T}\right)_p.$$

Man kann auch andere Paare unabhängiger Variabler wählen, dazu gehören dann aber auch andere konjugierte Variable und ein anderes Potential ($\rightarrow$ Kap. 4.1.2.IV).

(III) Fehlerdiskussion

Die in Kap. 3.4.1.II behandelten Fragen der *Fehlerfortpflanzung* kann man jetzt auf den Fall erweitern, daß aus mehreren gemessenen Größen – wir betrachten als Beispiel zwei, sagen wir x und y – eine dritte, z, mittels einer vorgegebenen Beziehung

$$z = f(x,y)$$

berechnet werden soll. Die Fehler Δx etc. werden wiederum mit den Differentialen dx etc. identifiziert (lineare Approximation). Der resultierende Fehler Δz ergibt sich also aus dem totalen Differential der berechneten Größe z:

$$\Delta z = \frac{\partial f}{\partial x}\,\Delta x + \frac{\partial f}{\partial y}\,\Delta y. \qquad [198]$$

Dabei ist zu beachten (was aus der Differentialrechnung nicht folgt), daß schon vorhandene Fehler durch zusätzliche Fehlerquellen immer nur *größer* werden können. Daher sind die rechts stehenden Beiträge allemal positiv zu nehmen, auch wenn die eine oder andere Ableitung rechnerisch mit negativem Vorzeichen herauskommen sollte.

Beispiel: $z = xy$ ergibt $\Delta z = y\Delta x + x\Delta y$, oder übersichtlicher nach Division durch z:

$$\frac{\Delta z}{z} = \frac{\Delta x}{x} + \frac{\Delta y}{y}.$$

Das besagt: *Die relativen Fehler multiplikativer Meßgrößen addieren sich* (das gilt auch für $z = x/y$). Dieses Ergebnis ist eine Erweiterung von Gl. [141b].

Ist dagegen $z = x + y$, so folgt: $\Delta z = \Delta x + \Delta y$. Allgemein: *Die absoluten Fehler additiver Meßgrößen addieren sich* (das gilt auch für $z = x - y$).

(IV) Flächendiskussion

Wir betrachten die durch $z = f(x,y)$ über der x-y-Ebene dargestellte Fläche. In Analogie zu Funktionen einer Variablen gilt: Die Fläche hat eine waagrechte Tangentialebene an Stellen, wo gleichzeitig

$$\frac{\partial z}{\partial x} = 0 \quad und \quad \frac{\partial z}{\partial y} = 0. \qquad [199]$$

Es kann sich dabei um relative Maxima oder Minima oder auch um Sattelpunkte handeln (Abb. 4.7.).

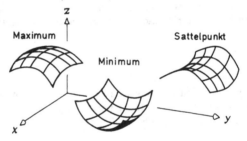

Abb. 4.7. Funktion von zwei Variablen: Stellen, an denen beide partiellen Ableitungen Null sind

(V) Ausgleichsrechnung bei mehreren verfügbaren Parametern

In Erweiterung von Kap. 3.4.3. greifen wir jetzt das Problem auf, eine Anzahl Einzelmeßergebnisse x_i, y_i durch eine allgemeine Regressionsgerade mit 2 verfügbaren Parametern, also einen Ansatz

$$y = a_1 x + a_0$$

zu erfassen. Ohne Gewichtsfaktoren einzuführen, lautet die Minimalforderung nach der Methode der kleinsten Quadrate:

$$\Sigma(\Delta y_i)^2 = \Sigma(y_i - a_1 x_i - a_0)^2 = \text{minimal},$$

oder, als Funktion der beiden Parameter a_1 und a_0 geschrieben:

$$f(a_1, a_0) = [\Sigma y_i^2] - [2\Sigma x_i y_i]a_1 - [2\Sigma y_i]a_0$$
$$+ [2\Sigma x_i]a_1 a_0 + [\Sigma x_i^2]a_1^2 + N a_0^2$$
$$= \text{minimal}.$$

Nach Gl. [199] wird die Minimalforderung erfüllt, indem man

$$\frac{\partial f}{\partial a_1} = 0 \quad \text{und} \quad \frac{\partial f}{\partial a_0} = 0$$

setzt und aus diesen zwei Gleichungen die beiden gesuchten Parameter berechnet. Das Ergebnis ist:

$$a_1 = \frac{N\Sigma x_i y_i - \Sigma x_i \Sigma y_i}{N\Sigma x_i^2 - (\Sigma x_i)^2},$$

$$a_0 = \frac{\Sigma x_i^2 \Sigma y_i - \Sigma x_i \Sigma x_i y_i}{N\Sigma x_i^2 - (\Sigma x_i)^2}.$$

[200]

Falls sich *aus der Rechnung* $a_0 = 0$ ergibt, ist die Konsequenz, daß

$$a_1 = \frac{\Sigma x_i y_i}{\Sigma x_i^2} = \frac{\Sigma y_i}{\Sigma x_i}$$

wird. Die Ergebnisse Gl. [145a] und [145b] für *vorausgesetzte* Proportionalität ($a_0 = 0$) fallen darin zusammen.

(VI) Reihenentwicklung

Eine Funktion $z = f(x, y)$ von 2 Variablen läßt sich analog zu Gl. [148] in eine Potenzreihe um die Stelle (x_1, y_1) (*Taylorsche Reihe*) entwickeln:

$$z = f(x, y) = f(x_1, y_1) + \frac{\partial f}{\partial x}(x - x_1) + \frac{\partial f}{\partial y}(y - y_1)$$

$$+ \frac{1}{2}\left[\frac{\partial^2 f}{\partial x^2}(x - x_1)^2 + 2\frac{\partial^2 f}{\partial x \partial y}(x - x_1)(y - y_1)\right.$$

[201]

$$\left. + \frac{\partial^2 f}{\partial y^2}(y - y_1)^2\right] + \ldots.$$

Die Entwicklungskoeffizienten der Reihe sind, analog zu Gl. [150], aus den verschiedenen partiellen Differentialquotienten gebildet. Der Einfachheit halber ist immer nur $\partial f/\partial x$ etc. geschrieben; gemeint ist damit der feste Wert an der Stelle (x_1, y_1), also genauer $\partial f(x_1, y_1)/\partial x$, nicht etwa eine Funktion.

Die Anwendungen sind die gleichen wie bei Funktionen einer Variablen. Insbesondere bekommt man die *lineare Approximation*, indem man nach dem linearen Glied abbricht; das ist dann die erste Zeile in Gl. [201]*). Sie stellt die *Gleichung der Tangentialebene* der Fläche $z = f(x, y)$ an der Stelle (x_1, y_1) dar, wie sie am Anfang unserer Betrachtungen stand.

4.3. Differentialrechnung mit vektoriellen Größen

In den bisherigen Darlegungen der Differentialrechnung wurden stillschweigend immer skalare (zudem reelle) Größen ins Auge gefaßt. Wie steht es aber mit dem Differenzieren, wenn vektorielle Größen vorkommen? Diese Frage ist gerade mit Rücksicht auf die naturwissenschaftlichen Anwendungen wichtig, weil viele Meßgrößen ihrer Natur nach Vektoren sind. Wir wollen uns mit einem kurzen Abriß begnügen und im folgenden nur skizzieren, was es bedeutet, wenn in einem Differentialquotienten der Form dy/dx entweder y oder aber der Rest des Symbols, also der Operator d/dx, vektoriell ist**).

(I) Ableitung eines Vektors nach einem Skalar

Ein typischer Fall ist die Ableitung einer Vektorgröße nach der Zeit (die skalar ist); als Beispiel sei an die Definition der Geschwindigkeit oder der Beschleunigung erinnert. Wir nennen die Vektorgröße $\vec{v}$ und die Zeit t und fragen, was

$$\frac{d\vec{v}}{dt}$$

bedeutet.

Den Vektor $\vec{v}$ zerlegen wir in einem *zeitlich unveränderlichen* (also von der Variablen t unabhängigen) *Koordinatensystem* in Komponenten, z. B. in einem räumlichen kartesischen System mit den Einheitsvektoren $\vec{i}, \vec{j}, \vec{k}$ gemäß Gl. [25]:

$$\vec{v} = v_x \vec{i} + v_y \vec{j} + v_z \vec{k},$$

und bilden, ganz formal vorgehend,

---

*) Vgl. das in Kap. 4.1.1.II gebrachte Zahlenbeispiel.

**) Äußerlich betrachtet, bieten sich zwei Möglichkeiten, dem Differentialoperator Vektorcharakter zu geben: Man könnte $(\overline{d/d\vec{x}})$ oder $d/d\vec{x}$ schreiben; den d's selbst, als Symbolen, die auf eine Differenzbildung zurückgehen, darf man gewiß keinen Vektorpfeil hinzufügen. Inwieweit solche Bezeichnungen allerdings Sinn haben, ist erst zu klären (Abschnitt II).

$$\frac{d\vec{v}}{dt} = \frac{d}{dt}(v_x\vec{i}) + \frac{d}{dt}(v_y\vec{j}) + \frac{d}{dt}(v_z\vec{k}).$$

Bezüglich der Differentiation nach t sind die Einheitsvektoren voraussetzungsgemäß als Konstanten zu behandeln. Nach den Differentiationsregeln folgt deshalb:

$$\frac{d\vec{v}}{dt} = \frac{dv_x}{dt}\vec{i} + \frac{dv_y}{dt}\vec{j} + \frac{dv_z}{dt}\vec{k}. \qquad [202]$$

Damit haben wir die Berechnungsvorschrift für die Ableitung eines Vektors nach einem Skalar: Die Komponenten der Ableitung sind die Ableitungen der Komponenten, oder anders ausgedrückt: es wird *komponentenweise differenziert.*

Wir wollen die vektorielle Ableitung auch noch nach Betrag und Richtung diskutieren und gehen dazu von der Definition Gl. [119] des Differentialquotienten aus, die natürlich nach wie vor gilt. Sie lautet hier:

$$\frac{d\vec{v}}{dt} = \lim_{\Delta x \to 0} \frac{\vec{v}(t + \Delta t) - \vec{v}(t)}{\Delta t}.$$

Im Zähler der rechten Seite steht eine *vektorielle* Differenz. Daher ist jedenfalls auch der Differentialquotient ein *Vektor.*

Das Ergebnis des Grenzüberganges hängt im einzelnen von der Differenzbildung

$$\vec{v}(t + \Delta t) - \vec{v}(t)$$

ab. Wir betrachten dazu folgende zwei Grenzfälle: Nur der *Betrag* von $\vec{v}$ ist zeitabhängig, und sodann: Nur die *Richtung* von $\vec{v}$ ist zeitabhängig. Dazu schreiben wir den Vektor zweckmäßigerweise in der Form

$$\vec{v} = v\vec{e}_v$$

mit dem *Einheitsvektor* $\vec{e}_v$, der in $\vec{v}$-Richtung zeigt.

(α) Richtung $\vec{e}_v$ = const, Betrag $v = v(t)$. Der Faktor $\vec{e}_v$ läßt sich aus dem Limes herausnehmen, und nach dem üblichen Grenzübergang bleibt einfach:

$$\frac{d\vec{v}}{dt} = \frac{dv}{dt}\vec{e}_v. \qquad [203]$$

Die Ableitung $d\vec{v}/dt$ hat die gleiche Richtung $\vec{e}_v$ wie der ursprüngliche Vektor und den Betrag dv/dt. Es hätte also genügt, allein den Betrag zu betrachten und in üblicher Weise zu differenzieren.

Ohne besondere Erwähnung verfährt man in vielen Fällen so, daß man nur die Beträge betrachtet und differenziert. Dabei muß man freilich in Erinnerung behalten, daß die Vektoren ihre *Richtung* im Laufe der Zeit *nicht ändern* dürfen.

Beispiel: Translationsbewegung entlang einer geraden Bahn mit der zeitabhängigen Geschwindigkeit $v(t)$. Definitionsgemäß ist in diesem Beispiel dv/dt die Beschleunigung, welche *in Richtung der Bahn* wirkt (Vorzeichen positiv oder negativ).

(β) Betrag $v = \text{const}$, Richtung $\vec{e}_v = \vec{e}_v(t)$. Jetzt läßt sich in der Definitionsgleichung v aus dem Limes herausnehmen. Zu berechnen bleibt noch der Grenzwert

$$\lim_{\Delta t \to 0} \frac{\vec{e}_v(t + \Delta t) - \vec{e}_v(t)}{\Delta t} = \lim_{\Delta t \to 0} \frac{\vec{\delta}}{\Delta t},$$

den wir etwas genauer diskutieren müssen. Abb. 4.8. zeigt den Zähler-Vektor $\vec{\delta}$, wie er sich als Differenz der Richtungsvektoren nach einem hinreichend kurzen Zeitintervall Δt darstellt. Man sieht, daß $\vec{\delta}$ im

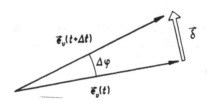

Abb. 4.8. Zur Erläuterung von Gl. [204]

Grenzfall sehr kurzer Δt (sehr kleiner $\Delta \varphi$) ein Vektor *senkrecht* zu $\vec{e}_v$ ist und (da $\vec{e}_v$ ein *Einheits*vektor ist) den Betrag $\Delta \varphi$ hat. Wenn wir den zu $\vec{e}_v$ senkrechten Einheitsvektor mit $\vec{n}_v$ bezeichnen, ist also

$$\vec{\delta} = \Delta \varphi \, \vec{n}_v$$

zu schreiben. Nur $\Delta \varphi$, nicht aber $\vec{n}_v$ hängt von Δt ab, so daß für den Grenzübergang lediglich $\lim \Delta \varphi / \Delta t$ bleibt, was den gewöhnlichen Differentialquotienten $d\varphi/dt$ ergibt. Das Ergebnis ist schließlich

$$\frac{d\vec{v}}{dt} = v \frac{d\varphi}{dt} \, \vec{n}_v. \qquad [204]$$

Die Ableitung $d\vec{v}/dt$ hat die Richtung senkrecht zum ursprünglichen Vektor und den Betrag $dv/dt = v \, d\varphi/dt$.

Beispiel: Kreisbewegung mit betragsmäßig konstanter Umlaufsgeschwindigkeit (Bahngeschwindigkeit) v. Die Änderungsgeschwindigkeit $d\varphi/dt$ ist in diesem Beispiel die Winkelgeschwindigkeit ω. Also ist

$$\frac{dv}{dt} = v\omega.$$

Das ist definitionsgemäß der Betrag der Beschleunigung, die hier senkrecht zur Bahngeschwindigkeit $\vec{v}$ (nämlich auf das Kreiszentrum hin) gerichtet ist.

Das Beispiel zeigt, daß in der Mechanik der Begriff der Beschleunigung nicht nur an eine Änderung des Betrages der Geschwindigkeit geknüpft ist; ein Vektor ändert sich eben auch dann, wenn sich nur seine Richtung ändert.

Es ist daher festzuhalten: *Die Ableitung eines Vektors nach einem Skalar ergibt wieder einen Vektor, im allgemeinen aber in anderer Richtung.*

(II) Ableitung eines Skalars nach einem Vektor?

Die in der Überschrift gestellte Frage meint folgendes: Wenn wir einleitend einen „vektoriellen Operator d/dx" ankündigten, so ist es naheliegend, ihn realisiert zu denken durch das Auftreten einer *vektoriellen* Variablen $\vec{x}$. Ob ein Differentialquotient $dy/d\vec{x}$ indessen irgendwelchen Sinn hat, ist noch keineswegs ausgemacht. Wir wollen dies am einzig wichtigen Beispiel untersuchen, nämlich der *Ableitung einer skalaren Ortsfunktion $u(x,y,z)$ nach den Ortskoordinaten.* Die differentielle Änderung der Ortsfunktion wird, wie üblich, mit du bezeichnet. Wenn man die Ortskoordinaten zum Orts*vektor* $\vec{r} = (x,y,z)$ zusammenfaßt, wäre seine differentielle Änderung d$\vec{r}$ zu nennen, doch wollen wir lieber d$\vec{s}$ schreiben, um den Eindruck zu vermeiden, dieses vektorielle Differential müsse unbedingt in radialer Richtung zeigen. Im kartesischen Koordinatensystem mit den Einheitsvektoren $\vec{i}$, $\vec{j}$ und $\vec{k}$ ist (wie im entsprechenden zweidimensionalen Beispiel von Abb. 4.5.a)

$$d\vec{s} = dx \cdot \vec{i} + dy \cdot \vec{j} + dz \cdot \vec{k}. \qquad [205]$$

Die Frage ist also, ob vielleicht

$$\frac{du}{d\vec{s}}$$

ein sinnvoller Ausdruck ist, oder ob es wenigstens in seiner Verwandtschaft einen sinnvollen Vektor-Differentialausdruck gibt. Sie ist natürlich nur interessant bei wirklich *räumlichen* Änderungen d$\vec{s}$, die nicht immer in eine Koordinatenrichtung fallen.

Für du schreiben wir das totale Differential der Funktion $u(x, y, z)$:

$$du = \frac{\partial u}{\partial x}\, dx + \frac{\partial u}{\partial y}\, dy + \frac{\partial u}{\partial z}\, dz. \qquad [206]$$

Ein Rückblick auf Gl. [26a] zeigt nun, daß man du formal als Skalarprodukt aus dem oben angegebenen Vektor d$\vec{s}$ und einem zweiten Vektor $\vec{g}$ auffassen kann, indem man $\vec{g}$ in Komponenten als

$$\vec{g} = \frac{\partial u}{\partial x}\,\vec{i} + \frac{\partial u}{\partial y}\,\vec{j} + \frac{\partial u}{\partial z}\,\vec{k} \qquad [207]$$

festlegt. Wir schreiben daher als Skalarprodukt:

$$du = \vec{g} \cdot d\vec{s}. \qquad [208]$$

Diese Gleichung enthält bereits die Antwort auf die oben gestellte Frage. Zwar verknüpft sie du mit d$\vec{s}$, *läßt sich aber nicht in die Form eines Differentialquotienten bringen, da es nicht statthaft ist, ein Skalarprodukt in einen Quotienten umzuformen**). Immerhin haben wir eine verwandte – dimensionsmäßig gleiche – Größe, nämlich $\vec{g}$, als Vektor-Differentialausdruck gefunden, die es näher zu betrachten lohnt.

Der Vektor $\vec{g}$ hat eine präzise, für viele Anwendungen wichtige Bedeutung. Sie läßt sich recht gut aus Gl. [208] ablesen. Wir lassen d$\vec{s}$ speziell in eine Niveaufläche $u = $ const der Funktion fallen, so daß demzufolge d$u = 0$ ist. Das heißt wegen der Eigenart des Skalarprodukts (vgl. Gl. [26b]), daß in diesem Falle $\vec{g}$ und d$\vec{s}$ senkrecht aufeinander stehen, oder mit anderen Worten: *$\vec{g}$ ist ein Vektor, der senkrecht zu den Niveauflächen der Funktion $u(x, y, z)$ gerichtet ist.* Er zeigt, anschaulich gesprochen, in Richtung des stärksten Anstiegs der Funktionswerte.

Ein zweidimensionales Analogon sind die Höhenlinien der Landkarte. Der Vektor $\vec{g}$ zeigt in Richtung senkrecht zu den Höhenlinien, gibt also dem Wanderer den steilsten Weg an.

---

*) Dessen ungeachtet wird mitunter die Schreibweise d$u/$d$\vec{s}$ in dem Sinne benutzt, daß sie den durch Gl. [207] definierten Vektor bedeutet. – Der skalar geschriebene Differentialquotient d$u/$ds (der nur den *Betrag* ds der Ortsänderung enthält) hat stets seinen Sinn; nach Kap. 4.1.1.II stellt er die totale Ableitung der Funktion beim Fortschreiten in der durch d$\vec{s}$ (als Vektor) vorgeschriebenen Richtung dar. – Mit Gl. [26b] folgt übrigens aus Gl. [208], daß d$u/$d$s = g \cos \sphericalangle\, \vec{g}, d\vec{s}$ ist. Siehe dazu die folgende Interpretation von $\vec{g}$, insbesondere Gl. [209], die für $\sphericalangle\, \vec{g}, d\vec{s} = \pi/2$ gilt.

Über den Betrag g des Vektors $\vec{g}$ bekommt man Auskunft, indem man speziell $\vec{\mathrm{d}s}$ senkrecht zu den Niveauflächen, also parallel zu $\vec{g}$, gerichtet denkt. Dann ist in Beträgen

$$\mathrm{d}u = g\,\mathrm{d}s,$$

also

$$g = \frac{\mathrm{d}u}{\mathrm{d}s}. \qquad [209]$$

Demnach ist der *Betrag g der totale Differentialquotient der Funktion u(x, y, z), wenn man sie in Richtung senkrecht zu ihren Niveauflächen nach den Ortskoordinaten differenziert.*

Auf der zweidimensionalen Landkarte wäre g die Höhendifferenz, dividiert durch die – auf die Ebene bezogene – Wegdifferenz.

Wegen der Bedeutung als *Differentialquotient in Richtung des stärksten Anstiegs* der Funktion heißt $\vec{g}$ der *Gradient der Funktion*. Üblicherweise schreibt man statt $\vec{g}$

$$\vec{g} = \operatorname{grad} u, \qquad [210]$$

meist ohne den Vektorcharakter eigens zu kennzeichnen.

Wenn die Funktion nur von *einer* Variablen abhängt, z.B. $u = u(x)$, so wird auch der Gradient zu einem Vektor in x-Richtung. Die vektorielle Betrachtungsweise ist dann entbehrlich; es bleibt betragsmäßig

$$\operatorname{grad} u(x) = \frac{\mathrm{d}u}{\mathrm{d}x}.$$

In diesem vereinfachten Sinne wird der Ausdruck Gradient als Synonym für „Ableitung nach dem Ort" auch bei Funktionen *einer* Variablen gebraucht. Man beachte: *Nur Ableitungen nach Ortskoordinaten heißen Gradienten*, nicht Ableitungen nach irgendwelchen anderen Variablen.

Ein *Beispiel* für die Gradientenbildung hatten wir bereits früher, ohne es als solches zu kennzeichnen. Wie Gl. [197c] zeigt, sind die Komponenten der Kraft die partiellen Ableitungen einer Funktion V nach den Ortskoordinaten. Man könnte also gemäß Gl. [207] und [210] schreiben:

$$-\vec{F} = \frac{\partial V}{\partial x}\,\vec{\imath} + \frac{\partial V}{\partial y}\,\vec{\jmath} + \frac{\partial V}{\partial z}\,\vec{k} = \operatorname{grad} V.$$

Die Kraft ist der Gradient der potentiellen Energie. Solcher Beispiele gibt es mehr, z.B. ist die elektrische Feldstärke der Gradient des elektrischen Potentials*). Aber nicht jedes Vektorfeld läßt sich als Gradient eines Potentials verstehen, z. B. nicht das magnetische Feld. Und nicht von jeder Potentialfunktion läßt sich sinnvoll ein Gradient bilden, weil für ihn nur Ortskoordinaten in Frage kommen (während z. B. die thermodynamischen Potentiale von anderen Variablen abhängen).

Was Anschaulichkeit und Handhabbarkeit angeht, so wird man wohl das *skalare* Potential, wann immer es angängig ist, gegenüber dem daraus abzuleitenden *vektoriellen* Feld des Gradienten bevorzugen.

Der Gradient taucht auch in verschiedenen anderen naturgesetzlichen Zusammenhängen auf, insbesondere solchen, die Transporterscheinungen beschreiben. So ist der Wärmestrom $\vec{q}$ in einer Substanz mit nicht überall gleicher Temperatur T

$$\vec{q} = -\lambda \, \text{grad} \, T$$

(λ ist die Wärmeleitfähigkeit, eine Stoffeigenschaft). Es handelt sich um eine *Vektor*gleichung, und das heißt zuvörderst: Die *Richtung* des Wärmestromes ist die *Richtung* des Temperaturgradienten (und zwar des negativen, weil die Wärmeenergie von den heißen zu den kalten Bereichen fließt).

(III) Operatorschreibweise

Es bleibt noch nachzutragen, was nun eigentlich unter dem Terminus „vektorieller Differentialoperator" präzise verborgen ist. – Den durch Gl. [207] definierten Gradienten

$$\text{grad} \, u = \frac{\partial u}{\partial x} \, \vec{i} + \frac{\partial u}{\partial y} \, \vec{j} + \frac{\partial u}{\partial z} \, \vec{k}$$

kann man zusammengesetzt denken aus einem *vektoriellen Differentialoperator* ∇ („Nabla")

$$\nabla = \frac{\partial}{\partial x} \, \vec{i} + \frac{\partial}{\partial y} \, \vec{j} + \frac{\partial}{\partial z} \, \vec{k}, \qquad [211]$$

angewandt auf die *skalare* Funktion u:

$$\text{grad} \, u = \nabla u. \qquad [212]$$

Das erscheint zunächst als eine überflüssige Spielerei. Wenn wir jedoch den *Vektor*charakter des Operators betonen, liegt der Gedanke nahe, ihn nicht nur (wie geschehen) auf eine *skalare* Ortsfunktion $u(x,y,z)$, sondern probeweise auch einmal auf eine *vektorielle* Ortsfunktion $\vec{v}(x,y,z)$ (ein Vektorfeld, vgl. Kap. 2.4.3.) anzuwenden. Dazu gibt es zwei Möglichkeiten: Skalare oder vektorielle Multiplikation von ∇ und $\vec{v}$.

---

*) Man sagt zu solchen Feldern wie dem elektrischen auch, sie seien ein „Potentialfeld". Damit meint man ein *vektorielles* Feld mit der Eigenschaft, Gradient eines Potentials zu sein. Gleichbedeutend ist der Ausdruck „konservatives Feld". – Das Potential selbst ist ja eine *skalare* Ortsfunktion (es stellt ein *skalares Feld* dar).

Die Vektorgröße habe die Komponenten v_x, v_y und v_z (ortsabhängige skalare Größen).

Die skalare Multiplikation ergibt, formal ausgeführt:

$$\nabla \cdot \vec{v} = \frac{\partial v_x}{\partial x} + \frac{\partial v_y}{\partial y} + \frac{\partial v_z}{\partial z}. \qquad [213a]$$

Konsequenterweise steht auf der rechten Seite eine skalare Größe: Die Summe von drei speziellen Ableitungen der Vektorkomponenten. Die nähere Untersuchung zeigt, daß auch diese Größe eine anschauliche Bedeutung hat: Sie ist das in Kap. 2.4.3.II erwähnte Maß für die Quellstärke in einem Vektorfeld, die *Divergenz*. Man schreibt daher auch

$$\nabla \cdot \vec{v} = \operatorname{div} \vec{v}. \qquad [213b]$$

Auch die vektorielle Multiplikation $\nabla \times \vec{v}$ ergibt ein anschaulich interpretierbares Ergebnis, die sog. *Rotation* des Vektorfeldes, rot $\vec{v}$. Das ist ein *Vektor*, dessen Betrag ein Maß für die Wirbelstärke in einem Vektorfeld ist, wenn wir als Wirbel das Auftreten in sich geschlossener Feldlinien bezeichnen (wie beim magnetischen Feld). Die Richtung des Rotations-Vektors gibt die Wirbelachse an.

Vektorfelder, die der Gradient einer skalaren Ortsfunktion sind (sich aus einem Potential herleiten), *können keine in sich geschlossenen Feldlinien haben.* Mathematisch heißt das: Ihre Rotation ist Null; als Formel geschrieben:

$$\nabla \times \nabla u = \nabla \times \operatorname{grad} u = \operatorname{rot} \operatorname{grad} u = 0. \qquad [214]$$

Es gilt auch die Umkehrung: Ein Vektorfeld, dessen Rotation Null ist (also ein wirbelfreies Feld) ist ein Potentialfeld. Aus diesem Grunde gibt es zwar ein elektrisches Potential (sein Gradient ist die elektrische Feldstärke), aber kein magnetisches.

Nachdem sich der Formalismus des Nabla-Operators überraschenderweise als recht nützlich erwiesen hat, fügen wir noch eine Erweiterung an. Wir erfinden einen neuen Operator, indem wir das (vektorielle) Nabla skalar mit sich selbst multiplizieren:

$$\nabla \cdot \nabla = \nabla^2 = \frac{\partial^2}{\partial x^2} + \frac{\partial^2}{\partial y^2} + \frac{\partial^2}{\partial z^2}. \qquad [215]$$

Das ist nichts anderes als der bereits bekannte *Laplace-Operator* Gl. [173], den wir jetzt $\triangle = \nabla \cdot \nabla$ schreiben und wie folgt interpretieren können: Angewandt auf eine skalare Ortsfunktion $u(x,y,z)$ ist

$$\triangle u = \nabla \cdot \nabla u = \nabla \cdot \operatorname{grad} u = \operatorname{div} \operatorname{grad} u. \qquad [216]$$

Von der *skalaren* Funktion u wird zunächst der Gradient berechnet; er stellt eine *vektorielle* Ortsfunktion dar. Wenn deren Feldlinien irgendwo im Raum entspringen (oder enden), sind dort Quellen (oder Senken), also Stellen einer Divergenz des Vektorfeldes. Ein Maß für diese – nun wieder *skalare* – Größe ist divgrad u, oder eben $\triangle u$.

Wie man sieht, gibt die formale Behandlung der vektoriellen Differential-operationen einen raschen Überblick über die prinzipiellen Möglichkeiten. Das Gebiet der Vektoranalysis ist damit freilich erst andeutungsweise skizziert. Die eingeführten neuen Begriffe erweisen ihre wesentlichen Vorzüge erst unter Einschluß der Integralrechnung, → Kap. 6.4.

Anmerkung. In nichtkartesischen Koordinaten machen die Vektor-Differentialausdrücke einen wenig freundlichen Eindruck. Dessenungeachtet werden sie mitunter benötigt. Wir geben zwei Beispiele für *räumliche Polarkoordinaten* (Kugelkoordinaten) r, ϑ, φ an:

$$\text{grad } u = \left(\frac{\partial u}{\partial r}, \ \frac{1}{r} \ \frac{\partial u}{\partial \vartheta}, \ \frac{1}{r \sin \vartheta} \ \frac{\partial u}{\partial \varphi} \right) *), \qquad [217a]$$

$$\Delta u = \frac{\partial^2 u}{\partial r^2} + \frac{2}{r} \ \frac{\partial u}{\partial r} + \frac{1}{r^2} \ \frac{\partial^2 u}{\partial \vartheta^2} + \frac{1}{r^2 \tan \vartheta} \ \frac{\partial u}{\partial \vartheta} \qquad [217b]$$
$$+ \frac{1}{r^2 \sin^2 \vartheta} \ \frac{\partial^2 u}{\partial \varphi^2}.$$

Die Unübersichtlichkeit rührt daher, daß die Polarkoordinaten nicht (wie die kartesischen) untereinander gleichberechtigt sind.

---

*) Komponenten in r-, ϑ- und φ-Richtung, vgl. Abb. 2.14.

5. Integralrechnung von Funktionen einer Variablen

5.1. Stammfunktion und Integral einer Funktion

Die Differentialrechnung ist, wie wir gesehen haben, deshalb ein so wichtiges Handwerkszeug, weil viele in den Naturwissenschaften vorkommenden Größen durch Differentialausdrücke zusammenhängen, oder anders ausgedrückt: weil Funktionen häufig Ableitungen anderer Funktionen sind. Es ist daher folgerichtig, sich auch mit der Umkehrung der Differentiation zu befassen, und das heißt: Die abgeleitete Funktion als bekannt vorzugeben und nach der abzuleitenden zu fragen. – Diese Frage läßt sich überraschenderweise mit einer anderen in Zusammenhang bringen, nämlich der nach der Fläche unter dem Kurvenbild der vorgegebenen Funktion – ein Zusammenhang, der keineswegs von vornherein selbstverständlich ist.

5.1.1. Die Stammfunktion einer Funktion

Eine Funktion $y = f(x)$ sei uns gegeben. Wir fragen nach derjenigen Funktion $y = F(x)$, die man hätte differenzieren müssen, um auf $f(x)$ zu kommen:

$$\frac{dF(x)}{dx} = f(x). \qquad [218]$$

Die gesuchte Funktion $F(x)$ nennt man *Stammfunktion* zu $f(x)$. Um Beispiele vor Augen zu haben, kann man Abb. 3.7. von unten nach oben durchsehen: Über jeder der gezeichneten Funktionen steht ihre Stammfunktion. Dort ist auch angedeutet, daß die Stammfunktion nicht eindeutig herauskommt: Ihr Bild kann nämlich in vertikaler Richtung noch beliebig verschoben werden, weil, umgekehrt, beim Differenzieren ein konstanter Summand wieder wegfällt. Es gilt also: *Hat man eine Stammfunktion $F(x)$ gefunden, so ist auch $F(x) + c$ eine Stammfunktion.*

Die Stammfunktion heißt – aus noch klarzustellenden Gründen – auch unbestimmtes Integral, ihr Aufsuchen unbestimmte Integration. Der beliebig beifügbare Summand c wird deshalb *Integrationskonstante* genannt.

Wie man die Stammfunktion rechnerisch finden kann, wird in Kap. 5.2. erläutert werden. Einen kleinen Fundus an Stammfunktionen hat man bereits in Tab. 3.2. (Ableitungen der elementaren Funktionen) vor sich; man braucht sie nur von rechts nach links zu lesen. Tab. 5.1. faßt einige solcher Funktionen mit ihren Stammfunktionen noch einmal zusammen, wobei mitunter durch Umbenennung der Konstanten ein übersichtlicherer Ausdruck erreicht wird.

Tab. 5.1. Stammfunktionen einiger elementarer Funktionen. (Die Integrationskonstante c ist zu $F(x)$ stets hinzuzufügen.)

$f(x)$	$F(x)$	
x^n	$\dfrac{1}{n+1} x^{n+1}$	$(n \neq -1)$
$\dfrac{1}{x}$	$\ln|x|$	
$\dfrac{1}{1+x^2}$	$\arctan x$	
$\cos x$	$\sin x$	
$\sin x$	$-\cos x$	
$\dfrac{1}{\cos^2 x}$	$\tan x$	
e^x	e^x	
a^x	$\dfrac{1}{\ln a} a^x$	$(a > 0)$

Weitere Integrale enthält Tab. 5.2.

5.1.2. Das Integral als Lösung des Flächenproblems

Wir betrachten nun ein Problem, das mit dem vorigen, wie es scheint, nicht das geringste zu tun hat.

In einem kartesischen Koordinatensystem sei die Funktion $y = f(x)$ dargestellt. Zwischen zwei Grenzen, den Werten x_1 und x_2 der unabhängigen Variablen, kann man die in Abb. 5.1. schraffierte Fläche zwischen dem Kurvenzug und der x-Achse abgrenzen. Das Problem lautet: Wie ist der Flächeninhalt zu berechnen, wenn $y = f(x)$ und dazu die Grenzen x_1 und x_2 gegeben sind?

Flächenstücke oberhalb und unterhalb der x-Achse werden durch verschiedene Vorzeichen unterschieden. Aus diesem Grunde wird im folgenden $f(x)$

90

meist oberhalb der x-Achse gezeichnet, was aber nur der Übersichtlichkeit dienen soll.

Die Frage nach der Fläche geht – genau wie die nach der Tangente in der Differentialrechnung – von der Annahme aus, daß die betrachtete Kurve geometrisch-faßbare Bedeutung hat. Wir wissen, daß dem nur in Ausnahmefällen so ist. Es ist deshalb nachdrücklich darauf hinzuweisen: Der Begriff „Fläche" hat – so wie die Darstellung der ganzen Funktion – im allgemeinen keine geometrische, sondern nur veranschaulichende Bedeutung. Die Dimension ist die von $y \cdot x$; das sind meistens alles andere als Quadratmeter!

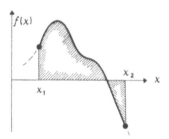

Abb. 5.1. Bestimmtes Integral als Fläche. (Die verschieden schraffierten Flächenstücke unterscheiden sich durch das Vorzeichen)

Das Flächenproblem läßt sich – wie auch schon das Tangentenproblem – durch einen Grenzübergang lösen. Doch handelt es sich jetzt um eine andere Art von Grenzwertbildung, bei der als wesentliches Merkmal eine Summe auftritt.

(I) Erläuterung des Integralbegriffs

Der Begriff „Fläche unter der Kurve" bedarf einer genaueren Festlegung, ehe man ihn mathematisch gebrauchen kann. Denken wir uns dazu, als ersten Schritt, das Kurvenbild einer Funktion $y = f(x)$ in x-Intervalle der Breite Δx unterteilt (Abb. 5.2.)*). In jedem der entstehenden Streifen gibt es eine Stelle, an der der Funktionswert betragsmäßig am größten, und eine Stelle, an der er betragsmäßig am kleinsten ist. Bei diesen Funktionswerten – nennen wir sie $f(x_a)$ und $f(x_i)$ – begrenzen wir den Streifen durch eine waagrechte Linie, so daß zwei histogrammartige Treppenbilder entstehen. Das aus den jeweils größten Werten gebildete Histogramm liegt immer *außerhalb* der Kurve, das aus den kleinsten Werten gebildete *innerhalb* der Kurve.

---

*) Die Intervallbreiten dürften auch alle verschieden sein; wir setzen sie nur der Einfachheit halber alle als gleich an.

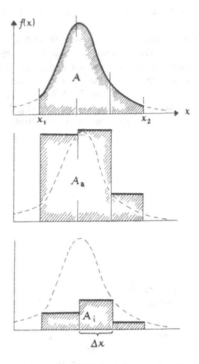

Abb. 5.2. Bestimmtes Integral als Fläche (A) unter dem Funktionsbild; Approximation als „Obersumme" A_a oder „Untersumme" A_i

Zwischen den Grenzen x_1 und x_2 bedeckt das äußere Histogramm insgesamt eine Fläche A_a, das innere eine Fläche A_i. Diese Flächen sind die Summen der jeweiligen Streifen, also

$$A_a = \Sigma f(x_u) \, \Delta x$$

und

$$A_i = \Sigma f(x_i) \, \Delta x \; .$$

In einem zweiten Schritt wird nun die Unterteilung verfeinert, bis man schließlich $\Delta x \to 0$ gehen läßt. Dabei wird A_a kleiner, A_i aber größer. Wenn die Funktion zwischen x_1 und x_2 keine Unendlichkeitsstellen hat, streben die Summen A_a und A_i dem *gleichen* Grenzwert zu:

$$\lim_{\Delta x \to 0} A_a = \lim_{\Delta x \to 0} A_i = A \; . \tag{219a}$$

Durch dieses Vorgehen wird präzise der Wert A ermittelt, den wir mit der „Fläche unter der Kurve" meinen.

Der nach dem beschriebenen Verfahren bestimmte Flächen-Grenzwert A heißt das *bestimmte Integral* der Funktion zwischen den Grenzen x_1 und x_2. In Anlehnung an die Summenschreibweise *vor* dem Grenzübergang schreibt man:

$$A = \int_{x_1}^{x_2} f(x)\,dx^*).$$ [219b]

Wenn man dem Differential dx im Integral eine anschauliche Bedeutung beilegen will, so wird man es seiner Herkunft nach stets als „sehr kleine" x-Differenz apostrophieren. Beliebig große Differentiale lassen sich nämlich in der Integralrechnung – anders als in der Differentialrechnung – nicht plausibel veranschaulichen.

Eine brauchbare Hilfsvorstellung ist es, jedem „sehr schmalen" Streifen des Histogramms eine Breite dx und eine Fläche $dA = f(x)\,dx$ zuzuordnen, so daß man Gl. [219b] ausführlicher in der Form

$$A = \int_{x_1}^{x_2} dA = \int_{x_1}^{x_2} f(x)\,dx$$ [219c]

schreiben kann. Das Integralzeichen ersetzt das gewöhnliche Summenzeichen, falls die Intervalle „sehr schmal" werden.

Gl. [219c] gilt übrigens ohne Rücksicht auf die Schwierigkeiten, die die Veranschaulichung eines Grenzüberganges bereitet. Daß die Differentiale, dA und dx, solche sind, wie wir sie schon aus der Differentialrechnung kennen, und überdies exakt nach Gl. [219c] zusammenhängen, ist freilich noch nicht zu sehen; das wird sich erst in Kap. 5.1.3. zeigen.

Es ist hervorzuheben, daß die Erklärung des bestimmten Integrals auf die Differentialrechnung überhaupt keinen Bezug nimmt. Das Integral ist, wie sein Name sagt, ein *bestimmter Wert* (keine neue Funktion!); falls nur die Funktion „integrierbar" ist, läßt es sich im Prinzip immer nach dem skizzierten Schema ausrechnen.

Wir werden zeigen, daß überraschenderweise ein Zusammenhang mit der Differentialrechnung besteht, der die Berechnung oft vereinfacht; der selbständige Begriff des Integrals bleibt davon unberührt.

Wenn man die Funktion nicht durch einen Kurvenzug darstellen will, so gestattet auch die *Darstellung durch Schwärzung* eine einfache Deutung des Integralbegriffs. Wir denken uns dazu, wie in Kap. 2.1.2. erwähnt, die Funktionswerte durch eine entsprechende Belegung der x-Achse mit Masse repräsentiert. *Das Integral ist dann einfach die Gesamt-Masse der Belegung* von x_1 bis x_2.

---

*) „Integral von x_1 bis x_2 $f(x)\,dx$". – Die Funktion $f(x)$ heißt *Integrand*, die im Differential dx bezeichnete Größe (hier x) *Integrationsvariable*. Ihre Angabe ist nötig! Erst dx macht zudem das Integral dimensionsmäßig richtig.

(II) Integrierbarkeit

Damit das bestimmte Integral – als Grenzwert – eindeutig und endlich herauskommt, braucht die Funktion $y = f(x)$ nur recht allgemeine Voraussetzungen zu erfüllen. Auf jeden Fall *existiert* $\int_{x_1}^{x_2} f(x)\,dx$, *sofern $f(x)$ stetig im Intervall $\langle x_1, x_2 \rangle$ ist und die Grenzen x_1, x_2 endlich sind.*

Die Funktion ist auch dann integrierbar, wenn sie nur stückweise stetig ist, d.h. einzelne Sprungstellen enthält, an denen sie aber nicht unendlich wird.

Hat die Funktion Unendlichkeitsstellen oder werden die Integrationsgrenzen ins Unendliche verschoben, so lassen sich über die Integrierbarkeit keine allgemeinen Angaben machen. Manche Funktionen sind auch unter diesen Umständen integrierbar (d.h. die Fläche ist endlich; sog. *uneigentliches Integral*), andere nicht.

Damit z.B. das Integral $\int_0^\infty f(x)\,dx$ einen endlichen Wert hat, ist es sicher nötig, daß $f(x) \to 0$ geht, wenn $x \to \infty$ strebt. Abb. 5.3. möge zur Illustration dienen. Es fällt meist schwer einzusehen, wie die schraffierte Fläche endlich sein kann, wo doch der Ausläufer unendlich lang ist. Die Lage ist ähnlich

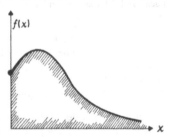

Abb. 5.3. Uneigentliches Integral: Obere Grenze unendlich

wie bei einer Potenzreihe, die auch eine unendliche Summe darstellt, welche manchmal, aber nicht immer konvergiert. Im vorliegenden Fall kommt es darauf an, daß die Funktion nicht nur abfällt, sondern „genügend schnell" abfällt, wenn $x \to \infty$ geht. Dann sagt man auch, wie bei einer Potenzreihe: Das Integral konvergiert.

Auf dem sehr weiten Gebiet der Funktionen bilden die integrierbaren Funktionen eine hervorzuhebende Klasse, ähnlich wie die stetigen oder die differenzierbaren Funktionen.

94

5.1.3. Der Zusammenhang zwischen Stammfunktion und Integral

Jetzt können wir die Differentialrechnung ins Feld führen, um den grundlegenden Zusammenhang zwischen dem soeben präzisierten Begriff des Integrals und dem der Stammfunktion zumindest plausibel zu machen.

(I) Anschauliche Begründung des Zusammenhangs

Wir betrachten, vom vorigen unabhängig, eine stetige, differenzierbare Funktion, die (weil wir auf eine Stammfunktion hinauswollen) mit $y = F(x)$ bezeichnet sei. Auf der x-Achse werden wieder Intervalle der Breite Δx abgeteilt (Abb. 5.4.a.). Die Funktionswerte an den Intervallenden verbinden wir durch Sekanten, so daß man einen Polygonzug als angenähertes Bild der Funktion erhält. Die Sekantensteigung ist nach Gl. [142] gleich dem Differentialquotienten dF/dx an einer Stelle im *Inneren* des betreffenden Intervalls. Die Abb. 5.4.a

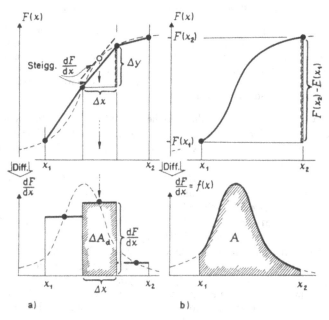

Abb. 5.4. Zum Zusammenhang zwischen Fläche (Integral) und Zuwachs der Stammfunktion; a) Approximation, b) nach Grenzübergang

zeigt in einem herausgegriffenen Intervall diese Stelle mit ihrer Tangente. Genaueres über die Lage der Stelle innerhalb des Intervalls brauchen wir gar nicht zu wissen. Mit Hilfe des so ausgewählten Differentialquotienten läßt sich der Zuwachs Δy der Funktion $F(x)$ im herausgegriffenen Intervall angeben; er ist

$$\Delta y = \frac{\mathrm{d}F}{\mathrm{d}x} \Delta x.$$

Zu der Funktion $y = F(x)$ wird in einer zweiten Darstellung die Ableitung aufgetragen. Darin wird insbesondere der in jedem Intervall ausgewählte Differentialquotient $\mathrm{d}F/\mathrm{d}x$ markiert. Mit Hilfe dieser einzelnen Punkte errichten wir nun über jedem Intervall Säulen oder Streifen der Breite Δx, die gerade die Höhe $\mathrm{d}F/\mathrm{d}x$ erreichen. Ein solcher Streifen hat die Fläche ΔA_d, und zwar

$$\Delta A_\mathrm{d} = \frac{\mathrm{d}F}{\mathrm{d}x} \Delta x.$$

Wie man sieht, *ist die Fläche ΔA_d gleich der Strecke Δy.*

Das ist nur auf den ersten Blick merkwürdig. Man muß bedenken, daß die Begriffe „Strecke" und „Fläche" nur im übertragenen, nicht im geometrischen Sinne benutzt werden, da ja Variable wie auch Funktion im allgemeinen mit irgendwelchen physikalischen Dimensionen behaftet sind. Gerade durch diese Dimensionsunterschiede wird die Übereinstimmung so unvereinbar scheinender Dinge wie Strecke und Fläche möglich.

Man kann alle Intervalle zwischen x_1 und x_2 zusammennehmen und unverändert konstatieren: Die Fläche unter dem $\mathrm{d}F/\mathrm{d}x$-Histogramm ist gleich dem Zuwachs, $F(x_2) - F(x_1)$, der oben gezeichneten Funktion.

Wir lassen nun die Intervallbreite schrumpfen, so daß zwischen x_1 und x_2 immer mehr immer schmalere Intervalle zu liegen kommen, und vollziehen schließlich den Grenzübergang $\Delta x \rightarrow 0$. Aus dem Polygonzug des oberen Bildes wird dann die korrekte Kurve $F(x)$. Im unteren Bild haben wir ein Histogramm, das seiner Konstruktion nach immer zwischen dem äußeren und inneren Histogramm der Integral-Erklärung liegt (vgl. Abb. 5.2.). Beim Grenzübergang wird A_d gewissermaßen von A_a und A_i in die Zange genommen: Die Histogramm-Fläche wird zur Fläche unter der Kurve $\mathrm{d}F/\mathrm{d}x$, die wir als $\mathrm{d}F/\mathrm{d}x = f(x)$ bezeichnen wollen, also zu dem bestimmten Integral

$$\int_{x_1}^{x_2} f(x)\,\mathrm{d}x.$$

Auch nach dem Grenzübergang gilt, wie Abb. 5.4.b zeigt: Die Fläche unter der unteren Funktion ist gleich dem Zuwachs der oberen, oder anders ausgedrückt: Das Integral über $f(x)$ ist gleich der Differenz der Werte $F(x)$, genommen an den Grenzen:

$$\int_{x_1}^{x_2} f(x)\,\mathrm{d}x = F(x_2) - F(x_1)^*).\qquad [220\mathrm{a}]$$

wobei

$$f(x) = \frac{\mathrm{d}F(x)}{\mathrm{d}x}\qquad [220\mathrm{b}]$$

ist. Es ist in der Tat $F(x)$ nichts anderes als die Stammfunktion zu der Funktion $f(x)$, welche integriert worden ist (wie es ja durch die Bezeichnung schon angedeutet war, vgl. Gl. [218]).

Gl. [220a] stellt den grundlegenden Zusammenhang zwischen den beiden – zunächst selbständigen – Begriffen Stammfunktion und (bestimmtes) Integral her:

Das bestimmte Integral ist gleich der Differenz der Stammfunktion an den Integrationsgrenzen.

Offensichtlich ist es in Gl. [220a] gleichgültig, welche der verschiedenen Stammfunktionen man auswählt; die Integrationskonstante fällt bei der Differenzbildung heraus.

Es handelt sich, wenn x_1 und x_2 vorgegeben sind, um *feste Zahlenwerte* (Fläche resp. Differenz zweier Funktionswerte). Ihre Dimension ergibt sich übereinstimmend als die der Stammfunktion oder aber die des Produktes $f \cdot x$, d. h. die Dimension des Produktes aus Integrand und Integrationsvariable.

(II) Einige Beispiele und Regeln

Beispiele: (α) Sei $f(x) = x^2$; dann ist nach Tab. 5.1. $F(x) = \frac{1}{3}x^3$. Zu berechnen sei das Integral

$$\int_0^1 x^2 \,\mathrm{d}x.$$

Man bildet die Differenz von $F(1) = \frac{1}{3}$ (an der oberen Grenze) und $F(0) = 0$ (an der unteren Grenze). Also ist das Integral

$$\int_0^1 x^2 \,\mathrm{d}x = \frac{1}{3}.$$

Abb. 5.5. zeigt die so berechnete Fläche.

---

*) Für die rechte Seite der Gleichung schreibt man oft $F(x)|_{x_1}^{x_2}$ oder $[F(x)]_{x_1}^{x_2}$.

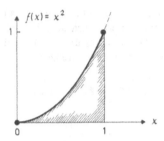

Abb. 5.5. Integration von $f(x) = x^2$

(β) Sei $f(x) = \cos x$; dann ist nach Tab. 5.1. $F(x) = \sin x$. Wir integrieren zunächst von 0 bis $\pi/2$:

$$\int_0^{\pi/2} \cos x \, dx = \sin \frac{\pi}{2} - \sin 0 = 1.$$

Dann wird von $\pi/2$ bis π integriert:

$$\int_{\pi/2}^{\pi} \cos x \, dx = \sin \pi - \sin \frac{\pi}{2} = -1.$$

Abb. 5.6. zeigt die beiden berechneten Flächen. *Die über der x-Achse liegende Fläche kommt mit positivem Vorzeichen heraus, die darunter liegende mit negativem.* Folglich ist bei der Integration über das gesamte Intervall 0 bis π:

$$\int_0^{\pi} \cos x \, dx = 0.$$

Gleiche Flächen beiderseits der x-Achse kompensieren sich im bestimmten Integral!

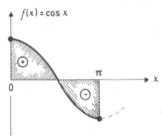

Abb. 5.6. Integration von $f(x) = \cos x$

(γ) Gelegentlich bekommt man das bestimmte Integral ohne Kenntnis der Stammfunktion aus einfachen geometrischen Überlegungen. Die Funktionen

$y = \sin^2 x$ und $y = \cos^2 x$ haben gleiche, nur gegeneinander verschobene Funktionsbilder, deren Summe nach dem Pythagoras, Gl. [87], stets $= 1$ ist. – Um nun z. B.

$$\int\limits_0^{2\pi} \sin^2 x\, dx \quad \text{und} \quad \int\limits_0^{2\pi} \cos^2 x\, dx$$

zu berechnen, addiert man in Gedanken beide Integranden. Abb. 5.7. illustriert, daß die Täler in der einen Fläche gerade durch die Fläche der komplementären Funktion ausgefüllt werden. Die Gesamtfläche unter der Summenfunktion ist die eines Rechtecks der Höhe 1 und der Länge 2π. Also ist

$$\int\limits_0^{2\pi} \sin^2 x\, dx = \int\limits_0^{2\pi} \cos^2 x\, dx = \pi.$$

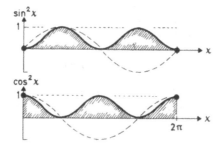

Abb. 5.7. Integration von $f(x) = \sin^2 x$ und $\cos^2 x$

Das zweite Beispiel exemplifiziert Rechenregeln für bestimmte Integrale, wie sie allgemein aus Gl. [220a] folgen. Für ein zusammengestücktes Integrationsintervall gilt:

$$\int\limits_{x_1}^{x_2} f(x)\, dx + \int\limits_{x_2}^{x_3} f(x)\, dx = \int\limits_{x_1}^{x_3} f(x)\, dx. \qquad [221a]$$

Beim Vertauschen der Integrationsgrenzen gilt:

$$\int\limits_{x_1}^{x_2} f(x)\, dx = - \int\limits_{x_2}^{x_1} f(x)\, dx. \qquad [221b]$$

Letzteres kann man so deuten: Geht man längs der x-Achse von der unteren zur oberen Grenze, so werden die links liegenden Flächenteile positiv gezählt, die rechts liegenden negativ.

(III) Das unbestimmte Integral

In einem bestimmten Integral denken wir uns die obere Grenze schrittweise vergrößert, wie es Abb. 5.8. andeutet. Es ist anschaulich klar, daß sich der Wert des Integrals (als Fläche) dabei ändert, so daß man sagen kann: Das bestimmte Integral ist eine Funktion seiner oberen Grenze (und in entsprechender Weise natürlich auch seiner unteren Grenze).

Wir lassen die Wahl der oberen Grenze ganz frei und schreiben für sie einfach x. Dann ist nach Gl. [220a]:

$$\int_{x_1}^{x} f(x)\,dx = F(x) - F(x_1).$$

Daran sieht man, welcher Art der funktionale Zusammenhang ist: Rechts steht $F(x)$, eine Stammfunktion zu $f(x)$; $F(x_1)$ aber ist eine Konstante. So könnte man auch schreiben

$$\int_{x_1}^{x} f(x)\,dx = F(x) + c. \qquad [222a]$$

Das Integral mit variabler oberer Grenze ist nicht mehr ein fester Wert, sondern eine Funktion dieser oberen Grenze, und als solche gerade eine Stammfunktion zu $f(x)$.

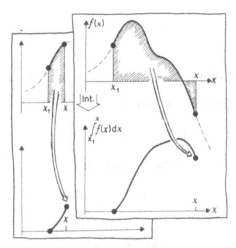

Abb. 5.8. Bestimmtes Integral mit variabler oberer Grenze x (für zwei verschiedene x-Werte)

Die Schreibweise des Integrals in Gl. [222a] ist zwar nicht unüblich, trotzdem aber ungünstig. Wohl ist die obere Grenze ein beliebig wählbarer x-Wert, aber von seiner Bedeutung her natürlich nicht mit den x-Werten gleichsetzbar, die beim Integrieren durchlaufen werden. Deshalb sollte man die obere Grenze – als Variable – anders bezeichnen als die unter dem Integralzeichen vorkommenden Variablen. Eine Möglichkeit besteht darin, die letzteren umzubenennen und etwa mit ξ statt mit x zu bezeichnen:

$$\int_{x_1}^{x} f(\xi)\,d\xi = F(x) + c. \qquad [222b]$$

Damit ist dasselbe gesagt wie mit Gl. [222a], nur unmißverständlicher.

Oft ist es nicht nur nützlich, sondern unumgänglich, die Integrationsvariable in dieser Weise von den übrigen Variablen zu unterscheiden. Welche Bezeichnungen man wählt, ist gleichgültig; als Vorschrift besagt ja $f(x)$ das gleiche wie $f(\xi)$.

Die obigen Gleichungen legen es nahe, jede Stammfunktion anzusprechen als Integral mit variabler (also unbestimmter) oberer Grenze. Man gebraucht den Ausdruck „unbestimmtes Integral" als Synonym für „Stammfunktion" – in dem Sinne, daß man die Gesamtheit aller möglichen Stammfunktionen damit meint – und schreibt ohne Grenzangaben am Integralzeichen:

$$F(x) = \int f(x)\,dx. \qquad [223]$$

Die Integrationskonstante wird üblicherweise nicht mit aufgeführt.

(IV) Operatoren

So wie durch die Differentiation eine neue Funktion entsteht, wird auch durch die Umkehr-Operation Integration eine neue Funktion erzeugt (vgl. Abb. 5.8.). Man könnte einen Integrationsoperator $\int_{x_1}^{x} dx$ oder $\int dx$ auf die Funktion angewendet denken, in welchem dx die Integrationsvariable (hier x) benennt. Indes gäbe diese Schreibweise Anlaß zu Verwechslungen, weil sie genauso aussieht wie ein komplettes Integral (mit $f(x) = 1$). Es ist unüblich, Integrationsoperatoren in einer Weise zu verselbständigen, wie wir es von Differentiationsoperatoren her kennen. Man schreibt sie lieber zusammen mit der Funktion, auf die sie angewandt werden – d.h. als komplettes Integral. Der Operatorstandpunkt schimmert manchmal in der Notation durch, wenn man $\int dx f(x)$ statt $\int f(x)\,dx$ schreibt.

Hat man eine Gleichung, so bleibt sie selbstredend richtig, wenn links und rechts der gleiche Operator angewandt wird, hier also links und rechts integriert wird. Aus

$$g(x) = h(x)$$

wird

$$\int\limits_{x_1}^{x} g(x)\,dx = \int\limits_{x_1}^{x} h(x)\,dx$$

oder in unbestimmter Form

$$\int g(x)\,dx = \int h(x)\,dx \ (+ c)$$

(die beiden Integrationskonstanten sind zu einer zusammengefaßt). – Wichtig: Es genügt nicht, ein „∫" vor jede Funktion zu malen! Die Integrationsvariable muß auf beiden Seiten gleich sein, also muß auch auf beiden Seiten das gleiche „dx" angefügt werden. Davon gibt es nur eine Ausnahme, wie man mit einem Rückblick auf die Summen-Definition des Integrals bestätigen wird: Gleichungen zwischen *Differentialen*, etwa

$$dg(x) = dh(x)$$

bleiben richtig, wenn man einfach „summiert", also ein Integralzeichen davorsetzt, wie z. B.

$$\int dg(x) = \int dh(x) \ (+ c).$$

Darin sind jetzt g resp. h – *nicht aber* x – die Integrationsvariablen. Wegen der Umkehrrolle, die unbestimmte Integration und Differentiation spielen, ist stets

$$\int dg(x) = g(x)*), \qquad\qquad [224]$$

das gleiche gilt für das andere Integral. Die vorletzte Gleichung besagt also, daß sich die Funktionen $g(x)$ und $h(x)$ nur durch eine additive Konstante unterscheiden.

(V) Fazit, Fundamentalsatz

Wegen ihrer Bedeutung stellen wir die Grundbegriffe der Integralrechnung noch einmal in ihrem Zusammenhang vor:

Das *unbestimmte Integral* $\int f(x)\,dx$ einer Funktion $f(x)$ bezeichnet deren Stammfunktionen $F(x)$. Die Stammfunktionen sind ihrerseits stetige, differenzierbare Funktionen; definitionsgemäß ist $dF/dx = f(x)$.

Das *bestimmte Integral* der Funktion $f(x)$, *definiert als Fläche* zwischen den Grenzen x_1 und x_2, *ist gleich der Differenz der Stammfunktionswerte* an den Grenzen.

Diese Beziehung zwischen den beiden – ihrer Herkunft nach wohl zu unterscheidenden – Begriffen stellt den *Fundamentalsatz der Differential- und Integralrechnung* dar. Seinen formelmäßigen Ausdruck findet er in Gl. [220a].

---

*) Das ist nichts Neues, sondern nur noch einmal eine veränderte Schreibung von Gl. [219c] oder, gleichwertig, Gl. [223]! Man setze in dieser g statt F und als Integrand, entsprechend der Definition Gl. [218], dg/dx statt f.

5.2. Das Integrieren

Mit dem Integrieren einer Funktion können zwei im Grunde verschiedene Prozeduren gemeint sein, die den beiden Seiten des Fundamentalsatzes, Gl. [220a], entsprechen.

Das Integral läßt sich erstens auf Grund der Summendefinition berechnen. Das führt direkt zum bestimmten Integral; aus ihm ist – mit variabler oberer Grenze nach Gl. [222a] – auch das unbestimmte zu bekommen. Ihrer Natur nach kann die Summendefinition nur mit numerischen oder graphischen Methoden realisiert werden. Es ist also nicht möglich, ausgehend von einer analytisch gegebenen Funktion $f(x)$ die Integralfunktion $\int f(x)\,dx$ unmittelbar wieder in analytischer Form zu erhalten.

Das Integral läßt sich zweitens durch Aufsuchen der Stammfunktion berechnen. Das führt direkt zum unbestimmten Integral, aus dem das bestimmte ohne Schwierigkeiten durch Einsetzen der Grenzen zu bekommen ist. Als Umkehrung der Differentiation läßt sich die in diesem Sinne gemeinte Integration auch mit analytisch gegebenen Funktionen ausführen und erbringt in vielen Fällen auch die Integralfunktion unmittelbar in analytischer Form.

Wir haben soeben eine Einschränkung machen müssen, weil – man möchte sagen: leider – folgender Tatbestand vorliegt: *Eine analytisch gegebene Funktion $f(x)$ kann sehr wohl integrierbar sein, ohne daß sich die Integralfunktion $\int f(x)\,dx$ in analytischer Form schreiben läßt.*

Beim Differenzieren ist das anders. Wenn man eine Funktion als Formel dastehen hat und differenziert sie, so besteht kein Zweifel, wieder eine Formel als Ergebnis zu bekommen. Im Gegensatz dazu lassen sich selbst manche einfachen und wichtigen Funktionen, z.B. $y = e^{-x^2}$, nicht auf elementarem Wege unbestimmt integrieren – d.h. die Stammfunktion existiert sehr wohl, aber sie ist nicht als Formel (sondern nur graphisch oder in Tabellenform; eventuell als Potenzreihe) darstellbar.

Zu diesen Problemen kommt ein mehr praktisches. Für die Differentiationsregeln lassen sich ohne weiteres die Fälle angeben, auf die sie anzuwenden sind. Bei den Regeln des Integrierens ist das nur teilweise möglich. Oft ist einer Integrationsaufgabe nicht von vornherein anzusehen, mit Hilfe welcher Regeln sie erfolgversprechend zu bearbeiten ist. Das macht das Integrieren – als Rechentechnik betrachtet – deutlich schwieriger als das Differenzieren.

Für den gelegentlichen Benutzer mathematischen Handwerkszeugs, der kein Routinier des Integrierens ist, sind daher *Integraltabellen* sehr zu empfehlen. In ihnen findet man, in Form unserer Tab. 5.1., eine mehr oder weniger große Zahl unbestimmter Integrale in systematischer Anordnung. Dadurch werden freilich Kenntnisse der Rechenregeln noch längst nicht entbehrlich, da man ein zu berechnendes Integral oft erst umformen oder teilweise berechnen muß, bis man es in eine tabellierte Form gebracht hat.

5.2.1. Die Integration analytisch gegebener Funktionen; allgemeine Integrationsregeln

Die Aufgabe besteht im Aufsuchen der Stammfunktion. Die allgemeinen Integrationsregeln helfen, das Integral umzuformen in das Integral einer elementaren Funktion, welches nach Tab. 5.1. erinnerlich ist (damit ist die Aufgabe vollständig gelöst), oder umzuformen in ein zwar nicht im Gedächtnis, aber in ausführlicheren Tabellen aufzufindendes Integral.

Wie auch schon beim Differenzieren, so ist jetzt die Bezeichnung der Integrationsvariablen gleichgültig. Man darf sich nicht darauf kaprizieren, sie immer „x" zu nennen – das geschieht hier nur der Übersichtlichkeit halber.

(I) Allgemeine Integrationsregeln

(α) Konstante Faktoren bleiben beim Integrieren erhalten:

$$y = cf(x)$$

ergibt

$$\int y \, dx = c \int f(x) \, dx. \qquad [225]$$

(β) Summen oder Differenzen zweier oder mehrerer Funktionen werden gliedweise integriert:

$$y = f(x) \pm g(x)$$

ergibt

$$\int y \, dx = \int f(x) \, dx \pm \int g(x) \, dx. \qquad [226]$$

Beispiele: Lösungen nach diesen Regeln und an Hand von Tab. 5.1., wo $F(x) = \int f(x) \, dx$ zu lesen ist. Integrationskonstanten sind stets noch hinzuzufügen.

$$y = ae^x - \sin x \qquad \int y \, dx = ae^x + \cos x$$

$$y = \frac{x^2}{1 + x^2}, \text{ geeignet zerlegt:}$$

$$= 1 - \frac{1}{1 + x^2} \qquad \int y \, dx = \int dx - \int \frac{1}{1 + x^2} \, dx$$

$$= x - \arctan x$$

(γ) *Produkte* von Funktionen können manchmal nach der folgenden Regel integriert werden; diese ist aber nicht unbesehen anwendbar wie die Produktregel der Differentialrechnung, von der sie sich herleitet. Von einem der beiden Faktoren sollte die Integralfunktion bekannt oder leicht berechenbar sein. Diesen Faktor fassen wir deshalb von vornherein als eine Ableitung auf und schreiben das zu integrierende Produkt zweier Funktionen als

$$y = f(x)\,g'(x).$$

Das Integral kann man wie folgt *umformen*:

$$\int f(x)g'(x)\,\mathrm{d}x = f(x)g(x) - \int f'(x)g(x)\,\mathrm{d}x \qquad [227]$$

(„*partielle Integration*"). Man bekommt ein neues Integral, welches – das ist das Ziel der Umformung – einfacher zu ermitteln sein sollte als das ursprüngliche. Der neue Integrand besteht wieder aus zwei Faktoren, und zwar der *Ableitung* (f') *des einen* und der *Integralfunktion* (g) *des anderen ursprünglichen Faktors.*

Beispiel: $y = x\,\mathrm{e}^{-x}$. Die Zerlegung in Faktoren und die Zwischenrechnung sei in folgendem Schema angedeutet:

Die Herkunft des Minuszeichens erkennt man durch Zurückdifferenzieren oder, umständlicher, mit Hilfe der Regel (δ). Eingesetzt in Gl. [227] ist

$$\int x\,\mathrm{e}^{-x}\mathrm{d}x = -x\,\mathrm{e}^{-x} + \int \mathrm{e}^{-x}\mathrm{d}x\,;$$

das neue Integral ist elementar; so ergibt sich

$$\int x\,\mathrm{e}^{-x}\mathrm{d}x = -x\,\mathrm{e}^{-x} - \mathrm{e}^{-x} = -(x+1)\mathrm{e}^{-x}.$$

Wie man die Zuordnung der Faktoren zu f und g' trifft, ist an sich gleichgültig. Die Vereinfachung tritt im vorliegenden Beispiel aber nur ein, weil x (nicht etwa e^{-x}) als zu differenzierender Faktor angesehen wird. Grund: Generell erniedrigt sich der Grad einer Potenz x^n beim Differenzieren.

Nach dem gleichen Schema ergibt sich:

$$\int x\,\mathrm{e}^{x}\mathrm{d}x = (x-1)\mathrm{e}^{x}.$$

Allgemein lassen sich Produkte von x^n ($n > 0$, ganzzahlig) mit e^x, $\ln x$, $\cos x$ oder $\sin x$ durch einfache oder mehrfache partielle Integration bearbeiten.

Beispiel: $y = x^2 \mathrm{e}^{-x}$. Nach dem vorigen Beispiel ist $x\,\mathrm{e}^{-x}$ ein Faktor, dessen Integral bekannt ist. Daher folgende Zerlegung:

$$
\begin{array}{cc}
x & x\,\mathrm{e}^{-x} \\
\hline
f & g' \\
\hline
f' & g \\
1 & -(x+1)\mathrm{e}^{-x}
\end{array}
$$

Eingesetzt in Gl. [227] ist

$$
\begin{aligned}
\int x^2 \mathrm{e}^{-x}\,\mathrm{d}x &= -x(x+1)\mathrm{e}^{-x} + \int (x+1)\mathrm{e}^{-x}\,\mathrm{d}x \\
&= -x(x+1)\mathrm{e}^{-x} + \int x\,\mathrm{e}^{-x}\,\mathrm{d}x + \int \mathrm{e}^{-x}\,\mathrm{d}x
\end{aligned}
$$

unter Berücksichtigung des vorigen Beispiels:

$$
= -(x^2 + 2x + 2)\mathrm{e}^{-x}.
$$

Im folgenden Beispiel führt zweimalige partielle Integration auf einem unerwarteten Wege zum Ziel.

Beispiel:

$$
y = \sin x \cdot \mathrm{e}^x
$$

$$
\begin{array}{cc}
f & g' \\
\hline
f' & g \\
\cos x & \mathrm{e}^x
\end{array}
$$

Eingesetzt in Gl. [227] ist

$$
\int \sin x\, \mathrm{e}^x\,\mathrm{d}x = \sin x\, \mathrm{e}^x - \int \cos x\, \mathrm{e}^x\,\mathrm{d}x.
$$

In einer Zwischenrechnung wird das neue Integral wieder partiell integriert, was

$$
\int \cos x\, \mathrm{e}^x\,\mathrm{d}x = \cos x\, \mathrm{e}^x + \int \sin x\, \mathrm{e}^x\,\mathrm{d}x
$$

ergibt. Das setzt man in die vorhergehende Gleichung ein. Daraufhin taucht nur noch das gesuchte Integral, und zwar zweimal, auf. Man kann die Gleichung in gewöhnlicher Weise nach ihm auflösen und bekommt:

$$
\int \sin x\, \mathrm{e}^x\,\mathrm{d}x = \frac{1}{2}(\sin x - \cos x)\mathrm{e}^x.
$$

(δ) Zusammengesetzte (mittelbare, geschachtelte) Funktionen lassen sich manchmal einfacher integrieren, nachdem man statt x die eingeschachtelte Funktion als neue Variable gewählt hat (*Variablensubstitution*). – Allgemein: Ist

$$
y = f(\xi) \quad \text{mit} \quad \xi = g(x),
$$

also

$$y = f\{g(x)\},$$

so setzt man

$$g(x) = \xi \qquad\qquad [228a]$$

als *neue Variable in den Integranden*. Konsequenterweise muß auch das Differential dx ersetzt werden durch ein *Differential der neuen Variablen*, also $d\xi$. Der Zusammenhang zwischen beiden ist durch Differenzieren von Gl. [228a] zu bekommen. Danach ist

$$g' = \frac{d\xi}{dx},$$

also ist für dx zu setzen

$$dx = \frac{1}{g'}\, d\xi. \qquad\qquad [228b]$$

Beispiele:

(α)

$$y = \cos kx \quad \text{ist aufzufassen als}$$

$$y = \cos \xi \quad \text{mit} \quad \xi = kx.$$

Letzteres wird als neue Variable genommen. Es ist $d\xi/dx = k$, daher ist $dx = (1/k)\,d\xi$ zu substituieren:

$$\int \cos kx\, dx = \int \cos \xi\, \frac{1}{k}\, d\xi = \frac{1}{k} \int \cos \xi\, d\xi$$

$$= \frac{1}{k} \sin \xi.$$

Nachdem man die Integralfunktion hat, kann man wieder zur alten Variablen zurückkehren. Damit ergibt sich

$$\int \cos kx\, dx = \frac{1}{k} \sin kx.$$

(β) $y = \ln x$. Durch die Substitution $\ln x = \xi$ (mit $dx = e^{\xi}\,d\xi$) erhalten wir ein aus dem vorigen Abschnitt (über partielle Integration) bekanntes Integral:

$$\int \ln x\, dx = \int \xi\, e^{\xi}\, d\xi = (\xi - 1)\, e^{\xi}$$

$$= (\ln x - 1)\, x.$$

Generell lassen sich Funktionen, deren *Argument* neben der Integrationsvariablen noch einen konstanten Faktor enthält, durch Variablensubstitution bearbeiten.

Zwei weitere Anwärter für dieses Verfahren sind Integranden der Form

$$y = f(x)f'(x) \quad \text{oder} \quad y = \frac{f'(x)}{f(x)},$$

die sich als Produkt oder Quotient zweier Funktionen auffassen lassen, von denen die eine die Ableitung der anderen ist. (Das Produkt $f \cdot f'$ ist ein spezieller Fall des in Gl. [227] auftauchenden Produkts $f \cdot g'$.) Man substituiert in diesen Fällen

$$f(x) = \xi,$$

$$dx = \frac{1}{f'}\, d\xi.$$

Das Integral vereinfacht sich, weil f' herausfällt. Es ergibt sich:

$$\int f(x)f'(x)\, dx = \int \xi\, d\xi = \frac{1}{2}\,\xi^2 = \frac{1}{2}\,\{f(x)\}^2, \qquad [229a]$$

oder

$$\int \frac{f'(x)}{f(x)}\, dx = \int \frac{1}{\xi}\, d\xi = \ln|\xi| = \ln|f(x)|. \qquad [229b]$$

Beispiel:

$$y = \frac{1}{\sin x \cos x}, \quad \text{geeignet umgeformt} \left(\tan x = \frac{\sin x}{\cos x}\right):$$

$$= \frac{1/\cos^2 x}{\tan x}.$$

Der Zähler ist nach Tab. 5.1. die Ableitung des Nenners, folglich kann Gl. [229b] angewandt werden:

$$\int \frac{1}{\sin x \cos x}\, dx = \ln|\tan x|.$$

Man kann Gl. [229b] ein bißchen anders formulieren, indem man $f'(x)\, dx = df(x)$ schreibt. Sie bringt insbesondere bei *bestimmter Integration* ein leicht merkbares Ergebnis, das die Rechenregeln für den Logarithmus, Gl. [91], berücksichtigt:

$$\int\limits_{x_1}^{x_2} \frac{df(x)}{f(x)} = \ln\left|\frac{f(x_2)}{f(x_1)}\right|. \qquad [229c]$$

108

(II) Anmerkungen zur bestimmten Integration

Die vorstehenden Regeln sind natürlich unverändert anwendbar, wenn man ein bestimmtes Integral zu berechnen hat. Nur an zwei Stellen ist Aufmerksamkeit geboten.

Partielle Integration: Gl. [227] lautet jetzt:

$$\int\limits_{x_1}^{x_2} f(x)g'(x)\,dx = [f(x)g(x)]_{x_1}^{x_2} - \int\limits_{x_1}^{x_2} f'(x)g(x)\,dx.$$

Beispiel von vorn:

$$\int\limits_{0}^{1} x\,e^{-x}dx = [-x\,e^{-x}]_{0}^{1} + \int\limits_{0}^{1} e^{-x}dx$$

$$= -\frac{1}{e} + \int\limits_{0}^{1} e^{-x}dx \quad \text{usw.}$$

Variablensubstitution: Die am Integralzeichen angeschriebenen *Grenzen geben immer den unteren und oberen Wert der Integrationsvariablen an.* Wenn man diese ändert, hat man demzufolge auch die Grenzangaben zu ändern!

Beispiel von vorn:

$$\int\limits_{0}^{1} \cos kx\,dx = \frac{1}{k} \int\limits_{0}^{k} \cos \xi\,d\xi \quad \text{usw.}$$

(III) Zur Integration der verschiedenen Arten von Funktionen

Wir haben die bisherigen Beispiele vorzugsweise aus dem Bereich der transzendenten Funktionen gewählt, weil man bei ihnen (wie auch bei den irrationalen Funktionen, also denen mit Wurzeln) im allgemeinen den rechten Weg zur Lösung der Integrationsaufgabe durch Probieren finden muß. Dabei ist man nicht einmal sicher, ob sich das unbestimmte Integral überhaupt analytisch darstellen läßt.

Nur eine Art von Funktionen läßt sich erforderlichenfalls nach „Schema F" integrieren und ergibt auch stets analytisch darstellbare unbestimmte Integrale: Das sind die rationalen Funktionen.

(IV) Integration rationaler Funktionen

Wir betrachten den allgemeinen Fall einer gebrochen rationalen Funktion, Gl. [82]. Wenn der Grad des Zählerpolynoms größer als der des Nennerpolynoms ist, $n > m$, kann man durch Division ein

Polynom (mit Potenzen von x) und eine echt gebrochene Funktion ($n < m$) herstellen.

Das Polynom ist nach den Integrationsregeln und nach Tab. 5.1. elementar integrierbar.

Die Integration der verbleibenden, echt gebrochenen rationalen Funktion gelingt in schematischer Weise immer durch Anwendung eines algebraischen Hilfssatzes, der die sog. Partialbruchzerlegung ermöglicht. Dadurch wird man auf eine Summe einzeln integrierbarer Funktionen geführt.

Die Partialbruchzerlegung ist ein im Prinzip immer gangbarer Weg. Man sollte ihn jedoch nicht ohne Überlegung beschreiten, sondern nur, wenn keine einfacheren und eleganteren Lösungswege sichtbar sind.

(α) Wir stellen zunächst einige typische Fälle vor, die man auch ohne Partialbruchzerlegung behandeln kann.

1. Beispiel: $y = \dfrac{x}{(1 + x^2)^n}$ ($n > 0$, ganzzahlig).

Man benutzt Gl. [228] und substituiert

$$1 + x^2 = \xi.$$

Damit erhält man

$$\int \frac{x}{(1 + x^2)^n}\, dx = \frac{1}{2} \int \xi^{-n} d\xi = \begin{cases} \dfrac{1}{2} \ln(1 + x^2) & (n = 1), \\[2ex] -\dfrac{1}{2(n-1)(1+x^2)^{n-1}} & (n > 1). \end{cases}$$

2. Beispiel: $y = \dfrac{x^2}{(1 + x^2)^2}$. Zerlegung zum Zwecke partieller Integration:

x	$\dfrac{x}{(1 + x^2)^2}$
f	g'
f'	g
1	$-\dfrac{1}{2(1 + x^2)}$ (nach dem Ergebnis des 1. Beispiels)

Man erhält nach Gl. [227]:

$$\int \frac{x^2}{(1 + x^2)^2}\, dx = -\frac{1}{2}\, \frac{x}{1 + x^2} + \frac{1}{2} \int \frac{1}{1 + x^2}\, dx.$$

Das neue Integral ist aus Tab. 5.1. zu entnehmen. So bekommt man als End-ergebnis:

$$\int \frac{x^2}{(1+x^2)^2}\, dx = -\frac{1}{2}\, \frac{x}{1+x^2} + \frac{1}{2} \arctan x.$$

Es ist typisch, daß bei der Integration gebrochen rationaler Funktionen Bei-träge entstehen, die selbst wieder rational sind oder aber vom Typ der Loga-rithmus- oder Arcustangens-Funktion.

(β) Partialbruchzerlegung. – Die Funktion

$$y = \frac{a_n x^n + \ldots a_2 x^2 + a_1 x + a_0}{b_m x^m + \ldots b_2 x^2 + b_1 x + b_0} \qquad [230a]$$

(mit $n < m$) denken wir uns zunächst umgeformt, indem wir den Nen-ner in Produktform bringen, vgl. Gl. [82']:

$$y = \frac{a_n x^n + \ldots a_2 x^2 + a_1 x + a_0}{b_m (x - \beta_1)(x - \beta_2) \ldots (x - \beta_m)}. \qquad [230b]$$

Die β_i sind die Nullstellen des Nennerpolynoms. Wir wollen zunächst voraussetzen, diese *Nullstellen seien alle einfach und reell*.

Dann gilt der Satz: Die Funktion läßt sich umformen in eine Summe von m Brüchen der Gestalt $A_i/(x - \beta_i)$, also:

$$y = \frac{A_1}{x - \beta_1} + \frac{A_2}{x - \beta_2} + \ldots + \frac{A_m}{x - \beta_m}\, {}^*). \qquad [230c]$$

Das ist die *Partialbruchzerlegung* der Funktion. Um sie herzuleiten, muß man zwei Schritte machen:

Die Nullstellen des Nennerpolynoms, β_i, sind aufzusuchen. Die Koeffizienten der Partialbruchzerlegung, A_i, sind zu bestimmen.

Letzteres geschieht durch einen *Koeffizientenvergleich*. Man schreibt Gl. [230c] hin mit noch unbekannten A_i; die β_i müssen freilich schon bekannt sein und werden zahlenmäßig eingesetzt. Dann bringt man die Summe der Partial-brüche auf einen *Hauptnenner*. Das ist (bis auf den Faktor b_m) der Nenner von Gl. [230b]. Im Zähler entstehen bei dieser Prozedur verschiedene Potenzen von x mit Vorfaktoren, die aus A_i's gebildet sind. Da wir immer ein und die-selbe Funktion vor uns haben, müssen im Falle übereinstimmender Nenner auch die Zähler übereinstimmen. Demzufolge müssen die entstandenen Vor-

---

*) Die Betonung liegt auf *Summe*! Selbstredend kann man Gl. [230a] auch in ein Produkt von Brüchen umformen, aber das verdient weder den Namen Partialbruchzerlegung, noch hilft es bei der Integration weiter.

faktoren gerade die bekannten Zahlen a_i/b_m aus Gl. [230a] oder [230b] sein. Das Gleichsetzen von Koeffizienten (Vorfaktoren), die bei jeweils der gleichen x-Potenz stehen, ergibt eine Reihe von Gleichungen, aus denen sich die gesuchten A_i berechnen lassen.

Wir zeigen die Ausführung der Partialbruchzerlegung an einem *Beispiel*:

$$y = \frac{x-1}{x^2 - x - 6}.$$

Das Nennerpolynom hat die Nullstellen $x = 3$ und $x = -2$. Deshalb ist

(a)
$$y = \frac{x-1}{(x-3)(x+2)}.$$

Die Partialbruchzerlegung mit noch unbestimmten Koeffizienten A_i lautet:

$$y = \frac{A_1}{x-3} + \frac{A_2}{x+2}.$$

Dies ergibt, wieder auf den Hauptnenner gebracht und geordnet:

(b)
$$y = \frac{(A_1 + A_2)x - (3A_2 - 2A_1)}{(x-3)(x+2)}.$$

Der Koeffizientenvergleich ist zwischen den Zählern von (a) und (b) durchzuführen, indem man die Vorfaktoren gleichsetzt. Das ergibt die zwei Gleichungen

$$A_1 + A_2 = 1,$$
$$-2A_1 + 3A_2 = 1.$$

Daraus bekommt man die beiden Unbekannten, nämlich

$$A_1 = \frac{2}{5}, \quad A_2 = \frac{3}{5}.$$

Folglich lautet die betrachtete Funktion, in Partialbrüchen geschrieben:

$$y = \frac{2}{5} \frac{1}{x-3} + \frac{3}{5} \frac{1}{x+2}.$$

Die Partialbruchzerlegung ist auch möglich, wenn wir die oben gemachte Voraussetzung einfacher, reeller Nullstellen β_i fallenlassen. Es gilt nämlich: Eine k-fache reelle Nullstelle steuert k Partialbrüche bei, und zwar in der Form

$$\frac{A_{i1}}{x - \beta_i} + \frac{A_{i2}}{(x-\beta_i)^2} + \ldots + \frac{A_{ik}}{(x-\beta_i)^k}.$$

112

Eine komplexe Nullstelle schließlich, die ja zwei konjugiert komplexe Zahlen β_i und $\beta_i{}^*$ umfaßt, steuert einen Partialbruch der Form

$$\frac{B_i x + C_i}{(x - \beta_i)(x - \beta_i{}^*)} = \frac{B_i x + C_i}{x^2 + \tilde{\beta}_i x + \tilde{\gamma}_i}$$

bei. In der rechts geschriebenen Form sind alle Koeffizienten, auch die im Nenner, reell.

Die im Falle mehrfacher oder komplexer Nullstellen auftretenden Zahlen $A, B, C \dots$ lassen sich ebenfalls auf die beschriebene Weise durch Koeffizientenvergleich bestimmen.

(γ) Integration der in Partialbrüche zerlegten Funktion. – Die von den reellen Nullstellen herrührenden Brüche sind elementar integrierbar. Es ist

$$\int \frac{A_i}{x - \beta_i} \, dx = A_i \ln |x - \beta_i|, \qquad [231a]$$

und bei mehrfachen Nullstellen ($k > 1$):

$$\int \frac{A_{ik}}{(x - \beta_i)^k} \, dx = - \frac{A_{ik}}{(k - 1)(x - \beta_i)^{k-1}}. \qquad [231b]$$

Die von komplexen Nullstellen herrührenden Partialbrüche sind ebenfalls geschlossen integrierbar; man zieht dabei am besten eine Integraltabelle zu Rate.

(V) Ein praktischer Hinweis zum Schluß

Da das Differenzieren viel einfacher ist als das Integrieren, macht es nur geringe Mühe, das Ergebnis einer Integrationsaufgabe durch Zurück-Differenzieren auf seine Richtigkeit zu prüfen.

5.2.2. Die Integration numerisch gegebener Funktionen

Die numerische Integration greift auf die Summendefinition des Integrals zurück, läuft also auf eine Flächenbestimmung hinaus. Die Funktion denken wir uns als Wertetabelle gegeben; die Abstände Δx der x-Werte mögen alle gleich sein. Da es sich für das folgende als nützlich erweisen wird, wollen wir von vornherein annehmen, daß das Integrationsintervall $x_a \dots x_b{}^*$) in eine *gerade Anzahl von Δx-Intervallen* unterteilt sei. Ins Graphische übertragen, liegt damit ein Bild wie in Abb. 5.9.a vor.

---

*) Wir nennen hier die Integrationsgrenzen x_a und x_b, um mit der Numerierung der Intervalle nicht Verwechslungen zu bekommen.

Tab. 5.2. Zusammenstellung von Integralen, die in Text berechnet werden.

		Kap.
$\displaystyle\int \frac{1}{(a+x)^n}\,dx \;=\; \begin{cases}\ln|a+x| & (n=1)\\[2mm] -\dfrac{1}{(n-1)(a+x)^{n-1}} & (n>1)\end{cases}$		5.2.1.IV 5.2.1.IV
$\displaystyle\int \frac{x^2}{1+x^2}\,dx \;=\; x - \arctan x$		5.2.1.I
$\displaystyle\int \frac{x^2}{(1+x^2)^2}\,dx \;=\; -\frac{1}{2}\frac{x}{1+x^2} + \frac{1}{2}\arctan x$		5.2.1.IV
$\displaystyle\int \frac{x}{(1+x^2)^n}\,dx \;=\; \begin{cases}\dfrac{1}{2}\ln(1+x^2) & (n=1)\\[2mm] -\dfrac{1}{2}\dfrac{1}{(n-1)(1+x^2)^{n-1}} & (n>1)\end{cases}$		5.2.1.IV 5.2.1.IV
$\displaystyle\int \frac{x}{\sqrt{(a^2+x^2)^3}}\,dx \;=\; \frac{1}{\sqrt{a^2+x^2}}$		6.2.1.IV
$\displaystyle\int \cos kx\,dx \;=\; \frac{1}{k}\sin kx$		5.2.1.I
$\displaystyle\int \frac{1}{\sin x \cos x}\,dx \;=\; \ln|\tan x|$		5.2.1.I
$\displaystyle\int x\,e^x\,dx \;=\; -(1-x)\,e^x$		5.2.1.I
$\displaystyle\int x\,e^{-x}\,dx \;=\; -(1+x)\,e^{-x}$		5.2.1.I
$\displaystyle\int x^2\,e^{-x}\,dx \;=\; -(2+2x+x^2)\,e^{-x}$		5.2.1.I
$\displaystyle\int e^{-x^2}\,dx \;=\; (\sqrt{\pi}/2)\,\mathrm{erf}\,x$		5.3.
$\displaystyle\int x\,e^{-x^2}\,dx \;=\; -\frac{1}{2}\,e^{-x^2}$		6.3.II
$\displaystyle\int \sin x\,e^x\,dx \;=\; \frac{1}{2}(\sin x - \cos x)\,e^x$		5.2.1.I
$\displaystyle\int \ln x\,dx \;=\; (\ln x - 1)\,x$		5.2.1.I
$\displaystyle\int_0^{2\pi} \sin^2 x\,dx \;=\; \frac{\pi}{2}$		5.1.3.II
$\displaystyle\int_0^{2\pi} \cos^2 x\,dx \;=\; \frac{\pi}{2}$		5.1.3.II

114

$$\int_0^{\pi/2} \cos x \, dx \quad = \quad 1 \qquad\qquad 5.1.3.\text{II}$$

$$\int_0^{\infty} e^{-x^2} \, dx \quad = \quad \frac{\sqrt{\pi}}{2} \qquad\qquad 6.3.$$

Der Funktionsverlauf zwischen den einzeln gegebenen Punkten ist nicht bekannt, und wir werden ihn dort linear approximieren. Dazu gibt es verschiedene Möglichkeiten, von denen wir nur zwei zweckdienliche ins Auge fassen. Wir greifen dazu ein *Doppelintervall* der Länge $2\Delta x$ heraus.

(α) *Sekantenapproximation* (Abb. 5.9.b): Zwischen dem ersten Funktionswert des Doppelintervalls (hier y_0) und dem übernächsten (y_2) wird die Sekante gezogen.

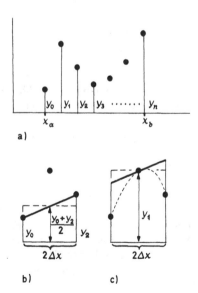

a)

b)   c)

Abb. 5.9. Numerische Integration. a) Graphische Darstellung der Tabellenwerte, b) Sekantenapproximation, c) Tangentenapproximation

(β) *Tangentenapproximation* (Abb. 5.9.c). Auf den ersten Blick scheint es müßig, ohne Kenntnis der Ableitung der Funktion eine Tangente angeben zu wollen. Da wir nur Approximationen betrachten, können wir aber eine Eigenschaft der *quadratischen Näherung* zu Hilfe nehmen, die wir schon in Kap. 3.2.2. erwähnten: Wenn man die drei Funktionswerte des Doppelintervalls, also in der Abbildung die Punkte y_0, y_1 und y_2, durch einen Parabelbogen verbindet (was immer in eindeutiger Weise möglich ist), so liegt derjenige Punkt, dessen Tangentensteigung gleich der Sekantensteigung ist, genau in der Mitte. Wir haben daher bei y_1 eine Gerade mit der gleichen Steigung wie die Sekante zwischen y_0 und y_2 zu zeichnen; das ist dann die Tangente bei quadratischer Approximation.

Integration heißt nun, die Fläche unter der solchermaßen stückweise approximierten Funktion zu berechnen. Das ist sehr leicht, weil die Flächeninhalte der trapezförmigen Streifen über jedem Doppelintervall sofort anzugeben sind. Für das in Abb. 5.9.b und 5.9.c herausgezeichnete erste Doppelintervall ist diese Fläche in Sekantenapproximation

$$2\,\Delta x \cdot \frac{y_0 + y_2}{2},$$

resp. in Tangentenapproximation

$$2\,\Delta x \cdot y_1.$$

Das *bestimmte Integral* ergibt sich durch Aufsummieren über den Integrationsbereich. Wir benutzen dabei die in Abb. 5.9.a angegebene Indizierung der Funktionswerte. Es ist in Sekantenapproximation:

$$\int_{x_a}^{x_b} f(x)\,dx \approx A_S = 2\,\Delta x \left\{ \frac{y_0 + y_2}{2} + \frac{y_2 + y_4}{2} + \ldots + \frac{y_{n-2} + y_n}{2} \right\}, \qquad [232a]$$

resp. in Tangentenapproximation:

$$\int_{x_a}^{x_b} f(x)\,dx \approx A_T = 2\,\Delta x \{ y_1 + y_3 + \ldots + y_{n-1} \}. \qquad [232b]$$

Beides sind natürlich Näherungsausdrücke. Die Fehler, die sie im realen Fall gekrümmter Kurven enthalten, sind gerade gegenläufig. Deshalb bekommt man eine noch bessere Näherung, wenn man ein gewichtetes Mittel aus den beiden obigen Ausdrücken bildet. Üblicherweise nimmt man

$$A = \frac{1}{3} A_S + \frac{2}{3} A_T.$$

Danach wäre das Integral angenähert

$$\int_{x_a}^{x_b} f(x)\,\mathrm{d}x \approx A = \frac{\Delta x}{3}\,\{y_0 + 4y_1 + 2y_2$$
$$+ 4y_3 + 2y_4 + \dots \qquad [232c]$$
$$+ 4y_{n-1} + y_n\}.$$

Diese Formel zur numerischen Integration heißt *Simpsonsche Regel*. Sie wird häufig benutzt, weil sie mit geringem Aufwand zuverlässige Ergebnisse liefert.

Die numerische Integration ist nicht nur dann vonnöten, wenn überhaupt nur eine Wertetabelle der Funktion vorliegt. Manchmal kennt man den analytischen Ausdruck für die Funktion, kann aber trotzdem ihr Integral nicht in geschlossener Form berechnen und muß deshalb auf ihre „Zerlegung in Einzelpunkte" und numerische Integration ausweichen.

Gelegentlich ist übrigens auch der umgekehrte Weg von Nutzen. Als *Beispiel* dafür betrachten wir die folgende Summe:

$$S = \ln 1 + \ln 2 + \ln 3 + \dots + \ln n.$$

Man kann sie veranschaulichen als Fläche unter einer histogrammartigen Treppenkurve, wo jede Säule die Breite $\Delta x = 1$ hat. Als Näherung ersetzen wir diese Treppenkurve durch die stetige Funktion $\ln x$ und berechnen

$$S \approx \int_1^n \ln x\,\mathrm{d}x.$$

Das Integral ist aus Tab. 5.2. bekannt. Man bekommt:

$$S \approx (\ln n - 1)n + 1.$$

Diesen Näherungswert der Summe S kann man gebrauchen, um den Ausdruck $n!$ ($\rightarrow$ Kap. 1.2.1.I) für große n auszurechnen. Gemäß Gl. [91] ist ja

$$\ln n! = \ln 1 + \ln 2 + \dots \ln n,$$

also gerade unsere Summe S. Da n groß sein soll, kann man die Eins bei S vernachlässigen und erhält

$$\ln n! \approx (\ln n - 1)n.$$

Geht man wieder auf $n!$ zurück und berücksichtigt, daß $1 = \ln e$ ist, so folgt als Näherung für große n:

$$n! \approx \left(\frac{n}{e}\right)^n. \qquad [233a]$$

Genauer ist die sog. *Stirling*sche Formel:

$$n! \approx \sqrt{2\pi n}\left(\frac{n}{e}\right)^n. \qquad [233b]$$

117

5.2.3. Die Integration graphisch gegebener Funktionen

Zu ermitteln ist wiederum das bestimmte Integral, also die Fläche unter dem vorliegenden Kurvenbild innerhalb wählbarer Grenzen.

(I) Zurückführung auf numerische Integration

Um das bestimmte Integral zu *berechnen*, wird die Kurve digitalisiert, d. h. in einzelne, äquidistante Funktionswerte aufgelöst. Mit ihnen berechnet man das Integral numerisch, z. B. nach der *Simpson*schen Regel.

Das Ergebnis wird naturgemäß um so genauer, je kleiner man die Δx-Intervalle wählt. Welche Feinheit erforderlich ist, hängt auch von der Genauigkeit der vorliegenden Kurve ab, die ja in der Regel von einem Experiment stammt. Das Verfahren ist insbesondere bei routinemäßigen Integrationen von Nutzen, falls man für die Arbeit des Digitalisierens und vor allem des Rechnens elektronische Hilfsgeräte einsetzen kann.

Um einen Eindruck von der erreichbaren Genauigkeit zu vermitteln, betrachten wir ein Integral, das sich auch geschlossen berechnen läßt:

$$I = \int_0^{10} \frac{1}{1 + x} \, dx.$$

Nach Tab. 5.2. ergibt sich

$$I = \ln 11 = 2{,}394.$$

Die *Simpson*-Formel, Gl. [232c], liefert bei Einteilung des Integrationsintervalles in 4 Schritte ($\Delta x = 2{,}5$):

$$I = 2{,}531,$$

dagegen bei Einteilung in 20 Schritte ($\Delta x = 0{,}5$):

$$I = 2{,}399,$$

also nur noch einen Fehler von etwa 0,2%.

(II) Planimeter

Planimeter sind mechanische oder elektronische Geräte, die die Fläche anzeigen, deren Randlinie man zuvor mit einem Stift umfahren hat. Eine Kalibrierung mit einer Standardfläche ist nötig.

Diese Geräte sind nicht nur für Integrationsaufgaben brauchbar, wie wir sie bisher betrachtet haben; sie können auch andere, beliebig berandete Flächen messen.

(III) „*Manuelle*" *Methoden*

Den üblichen Genauigkeitsansprüchen genügen oft zwei sehr einfache Verfahren. Wenn nur gelegentlich eine Integration auszuführen ist, haben sie zudem den Vorteil der Schnelligkeit, da man keine vorbereitenden Arbeiten braucht und allenfalls Hilfsmittel, die in vielen Labors verfügbar sind.

(α) Die Kurve wird im Integrationsbereich auf Millimeterpapier übertragen und die Fläche durch Auszählen von Kästchen bestimmt. (Natürlich zählt man nicht einzeln, sondern setzt die Fläche aus geeigneten, großen oder kleinen Rechtecken zusammen.)

(β) Das Flächenstück wird ausgeschnitten und mit einer Analysenwaage ausgewogen. Zum Vergleich ist noch das Flächengewicht des Papiers zu bestimmen.

(IV) *Geräte, die das Integral ermitteln und registrieren*

Manche Geräte, die eine Meßgröße $f(t)$ in ihrem zeitlichen Verlauf registrieren, bilden zugleich die Integralfunktion $\int f(t)\,dt$ und registrieren auch diese. Ein Beispiel sind Kernresonanzspektrometer. Das Spektrum besteht aus vielen Linien, das sind schmale, glockenförmige Kurvenstücke, von denen man unter anderem auch den Flächeninhalt wissen möchte (weil er eine Art Konzentrationsmaß ist). Das Spektrometer bildet die Integralfunktion elektronisch und schreibt sie zugleich mit dem Spektrum auf (Abb. 5.10.). Im Grunde registriert es also das unbestimmte Integral im Sinne eines bestimmten Integrals mit variabler oberer Grenze. Das zeitliche Entstehen der Kurven hat man sich in Analogie zu Abb. 5.8. vorzustellen.

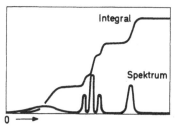

Abb. 5.10. Beispiel für elektronische Integration. Kernresonanz-Spektrum mit gleichzeitig geschriebenem Integral

Es ist vielleicht bei dieser Gelegenheit daran zu erinnern, daß Zeitfunktionen mit elektrischen Hilfsmitteln sehr leicht sowohl differenziert als auch integriert werden können. Man braucht dazu nur die naturgesetzlichen Zusammenhänge zwischen den elektrischen Größen auszunutzen. Funktionswerte denken wir uns zu diesem Zwecke allemal durch elektrische Spannungen repräsentiert.

119

Wir betrachten die Serienschaltung eines Widerstandes R und eines Kondensators C („RC-Glied", Abb. 5.11.). Durch beide fließt der gleiche Strom I. Die Teilspannung am Widerstand ist

$$U_R = RI,$$

die am Kondensator (mit Q als elektrischer Ladung) ist

$$U_C = \frac{1}{C} Q = \frac{1}{C} \int I \, dt,$$

oder, indem man I aus der vorigen Gleichung entnimmt und einsetzt:

(a) $$U_C = \frac{1}{RC} \int U_R \, dt.$$

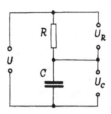

Abb. 5.11. Elektrisches RC-Glied

Die Summe beider zusammen ergibt die von außen angelegte Spannung, welche zeitabhängig ist und die Rolle der zu differenzierenden oder zu integrierenden Funktion spielt:

$$U(t) = U_R + U_C.$$

Nun fassen wir zwei Grenzfälle ins Auge:

(α) „Genügend kleines R", so daß $U_R \ll U_C$*) ist und

$$U(t) \approx U_C$$

gilt. Damit ergibt (a):

$$U(t) = \frac{1}{RC} \int U_R \, dt$$

oder, nach U_R aufgelöst:

$$U_R = RC \frac{dU(t)}{dt}.$$

Unter der angenommenen Voraussetzung greift man also *am Widerstand die differenzierte Eingangsspannung* ab.

---

*) $U_R \ll U_C$ heißt: U_R ist vernachlässigbar klein gegenüber U_C.

(β) „Genügend großes R", so daß $U_R \gg U_C$ und damit

$$U(t) \approx U_R$$

ist. Dann ergibt (a):

$$U_C = \frac{1}{RC} \cdot \int U(t)\, dt.$$

Unter der veränderten Voraussetzung greift man *am Kondensator das Integral der Eingangsspannung* ab.

Dieses Beispiel zeigt auch, wie alltäglich solche Zusammenhänge sind, die wir in der Sprache der Mathematik durch Differentialoperationen oder Integraloperationen umschreiben.

5.3. Definition von Funktionen durch Integrale

Eine ganze Reihe einfacher Funktionen hat keine in geschlossener Form*) analytisch darstellbaren Stammfunktionen, obschon sie integrierbar sind, eine Stammfunktion also existiert. Dazu gehören beispielsweise $\sin x/x$, $1/\ln x$, e^x/x und e^{-x^2}. In solchen Fällen bleibt nichts anderes übrig, als das Integral mit variabler oberer Grenze gemäß Gl. [222] als Definition der Stammfunktion anzusehen und daraus ihre tabellarische oder graphische Darstellung zu gewinnen.

Wegen seiner Bedeutung in der Statistik betrachten wir das Integral der Funktion e^{-x^2} etwas näher.

(I) Das Fehlerintegral

Wir stellen eine qualitative Betrachtung voran. Der Verlauf der Integralfunktion

$$\int_0^x e^{-\xi^2}\, d\xi$$

(die Variablen sind wie in Gl. [222b] bezeichnet) kann man mit einem Blick auf das Kurvenbild des Integranden, also der *Gauß*schen Funktion e^{-x^2}, abschätzen. Dazu denkt man sich (mit sukzessive fortschreitender oberer Grenze) bestimmte Integrale gebildet in der Weise, wie es Abb. 5.8. schematisch andeutet. Bei kleinen x-Werten ist e^{-x^2} noch nahezu konstant ≈ 1, die Fläche wächst deshalb zunächst wie x an:

$$\int_0^x e^{-\xi^2}\, d\xi \approx x \quad \text{für kleine } x.$$

Wenn x den abfallenden Teil der Glockenkurve erreicht, dann nimmt die

---

*) „Geschlossen" heißt die übliche Schreibweise einer Formel im Gegensatz zu einer Reihenentwicklung (einer wegen der Pünktchen sozusagen offenen Formel).

Fläche immer langsamer zu. Was sehr große x-Werte betrifft, so entnehmen wir den statistischen Anwendungen, daß das Integral konvergiert (andernfalls wäre es dort fehl am Platze gewesen). Man wird also insgesamt eine Integralfunktion erwarten, die nach dem anfänglichen Anstieg schließlich einem Grenzwert zustrebt.

Der genaue Verlauf der Funktion $\int\limits_0^x e^{-\xi^2}\, d\xi$ läßt sich durch numerische Integration berechnen. Er ist in Abb. 5.12.a wiedergegeben. Die Funktion ist nur für $x > 0$ dargestellt; aus der Eigenschaft des Integrals folgt, daß sie ungerade ist, also punktsymmetrisch zum Nullpunkt ergänzt werden könnte. Mit wachsendem x steigt die Funktion streng monoton an und geht für $x \to \infty$ gegen $\sqrt{\pi}/2$*).

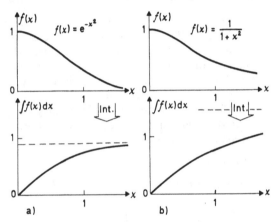

Abb. 5.12. Zwei Glockenkurven und ihre Integrale (Integration jeweils nur für positive x-Werte). a) *Gauß*kurve, b) *Lorentz*kurve

Die Abb. 5.12.b zeigt zum Vergleich eine vom Kurvenbild her ähnliche Funktion mit ihrem Integral. Auch diese Funktion, $1/(1 + x^2)$, die ebenfalls in den Anwendungen eine Rolle spielt (vgl. Tab. 1.5.), ergibt ein glockenförmiges Bild; sie fällt aber wesentlich langsamer gegen Null ab als die *Gauß*-Funktion. Ihre Integralkurve beginnt wieder mit x anzusteigen. Sie strebt aber infolge der langen Ausläufer gegen einen höheren Grenzwert, nämlich $\pi/2$, als das Integral der *Gauß*-Kurve.

---

*) Daß $\int\limits_0^\infty e^{-\xi^2}\, d\xi = \sqrt{\pi}/2$ ist, läßt sich streng beweisen, s. Gl. [257]. Im Augenblick genügt es, diesen Grenzwert als Ergebnis der numerischen Integration anzusehen.

In diesem Vergleichsfall ist man nun nicht allein auf eine numerische Integration angewiesen. Die Funktion ist nämlich elementar integrierbar, ihr Integral ist aus Tab. 5.1. bekannt:

$$\int_0^x \frac{1}{1+\xi^2}\,d\xi = \arctan x.$$

Eine graphische Darstellung der Arcustangens-Funktion zeigte bereits Abb. 2.18.

Diese Nebeneinanderstellung möge zeigen, daß es eigentlich nicht so wichtig ist, ob man die Integralfunktion analytisch darstellen kann oder nicht. Wenn uns arctan x nicht zufällig schon bekannt wäre, hätten wir diese Funktion ebenso gut durch eine Integralvorschrift definieren können. Wesentlich ist ja nur, daß überhaupt eine Vorschrift existiert, die zu jedem x den Funktionswert anzugeben gestattet.

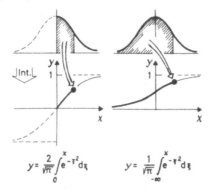

$$y = \frac{2}{\sqrt{\pi}}\int_0^x e^{-\gamma^2}\,d\xi \qquad y = \frac{1}{\sqrt{\pi}}\int_{-\infty}^x e^{-\gamma^2}\,d\xi$$

Abb. 5.13. Fehlerintegral (Integration der Gaußschen Glockenkurve). Definitionen für verschiedene untere Grenzen: a) 0 (entspricht Abb. 5.12.a); b) $-\infty$

Man pflegt von der Funktion $\int_0^x e^{-\xi^2}\,d\xi$ den Faktor $\sqrt{\pi}/2$ abzuspalten, so daß der verbleibende Faktor für $x \to \infty$ dem Wert 1 zustrebt, und führt, um die Funktion bequemer schreiben zu können, eine neue Bezeichnung ein:

$$\int_0^x e^{-\xi^2}\,d\xi = \frac{\sqrt{\pi}}{2}\,\text{erf}\,x^*). \qquad [234]$$

---

*) Auch: $\varPhi(x)$, statt erf x. – Häufig wird der negative Teil des Fehlerintegrals in der Definition berücksichtigt, indem man $\int_{-\infty}^x e^{-\xi^2}\,d\xi = \sqrt{\pi}\,\varPhi(x)$ festsetzt. Bei den Anwendungen empfiehlt es sich aufzupassen, ob es sich um das eine oder um das andere Integral handelt. Abb. 5.13. zeigt einen Vergleich.

Die rechts stehende Bezeichnung, die in gleicher Weise wie arctan und andere als Funktionsname zu verstehen ist, leitet sich von *error function* ab. Mit Bezug auf die Statistik ist auch der Name *Fehlerintegral* zu verstehen. Zahlenwerte der Funktion gibt Tab. 5.3.

Ein Blick auf Gl. [38] zeigt, daß die hier mit x bezeichnete Variable in der Statistik gleich $X/(\sqrt{2}\,\sigma)$ ist. Der in Tab. 5.3. angegebene Wert $x = \sqrt{2}$ entspräche also $X = 2\sigma$, oder in symmetrischer Ergänzung der Glockenkurve dem $\pm 2\sigma$-Intervall der Normalverteilung. Daß in diesem Intervall etwa 95% aller Fälle liegen, wie wir früher ohne Begründung angegeben haben, ist an den Funktionswerten von erf x sofort abzulesen.

Die in Kap. 1.3.3.II erwähnte Auftragung auf Wahrscheinlichkeitspapier macht Gebrauch von einer Achsenteilung, in der sich erf x als Gerade darstellt.

Tab. 5.3. Das Fehlerintegral $\mathrm{erf}\,x = \dfrac{2}{\sqrt{\pi}} \int\limits_0^x e^{-\xi^2}\, d\xi$.

x	erf x
0	0
0,1	0,112
0,2	0,223
0,3	0,329
0,5	0,521
1,0	0,843
$\sqrt{2}$	0,955
2,0	0,995
3,0	0,998
∞	1

Tab. 1.1. enthält die gleiche Funktion mit $\pm \dfrac{X}{\sigma} = \sqrt{2}\,x$.

(II) Darstellung einer solchen Funktion durch eine Potenzreihe

Daß erf x eine sozusagen normale Funktion ist, sieht man auch daran, daß sie sich in eine Potenzreihe entwickeln läßt.

Dazu schreiben wir zunächst die Reihenentwicklung von $e^{-\xi^2}$ auf, die man entweder aus Gl. [150] bekommt oder, einfacher, aus der bekannten Exponentialreihe (Tab. 3.3.), indem man dort $x = -\xi^2$ einsetzt. Man erhält

$$e^{-\xi^2} = 1 - \xi^2 + \frac{1}{2}\xi^4 - \dots.$$

Die in Kap. 3.5.3.IV genannten Voraussetzungen sind erfüllt, und so darf man die Reihe gliedweise integrieren:

$$\int\limits_0^x e^{-\xi^2}\,d\xi = \int\limits_0^x d\xi - \int\limits_0^x \xi^2\,d\xi + \frac{1}{2}\int\limits_0^x \xi^4\,d\xi - \dots .$$

Das Ergebnis lautet unter Berücksichtigung von Gl. [234]:

$$\text{erf}\,x = \frac{2}{\sqrt{\pi}}\left\{ x - \frac{1}{3}x^3 + \frac{1}{10}x^5 - \dots \right\}. \qquad [235]$$

An Hand dieser Reihenentwicklung lassen sich die Zahlenwerte von Tab. 5.3. auch ohne numerische Integration berechnen. *Beispiel:* Für $x = 0{,}1$ ergeben die ersten beiden Glieder der Reihe den Näherungswert $\text{erf}\,x = 0{,}112$. Er stimmt im Rahmen der benutzten Stellenzahl bereits mit dem Tabellenwert überein.

5.4. Die Integration einfacher Differentialgleichungen

Im Kapitel über Differentialrechnung hatten wir auf die Bedeutung von Differentialoperationen bei der Beschreibung naturwissenschaftlicher Zusammenhänge hingewiesen. Typisch sind, sagten wir, Differentialgleichungen, die Funktionen mit ihren Ableitungen verknüpfen. Eine Differentialgleichung zu lösen – eine Formel für die gesuchte Funktion zu finden – heißt, vereinfacht gesagt, sie so umzuformen, daß alle Ableitungen verschwinden. Das bedeutet: Integration. Unser vorliegendes Kapitel über *Integral*rechnung kann daher mit Fug und Recht einen Abschnitt über *Differential*gleichungen enthalten.

5.4.1. Allgemeine Vorbemerkungen

(I) Ein einleitendes Beispiel

Wir greifen auf eine schon früher als exemplarisch genannte Differentialgleichung zurück, und zwar Gl. [125], welche die chemische Reaktion 1. Ordnung beschreibt:

$$-\frac{dc}{dt} = kc.$$

In ihr ist c die Konzentration, die sich im Laufe der Zeit ändert: $c = c(t)$. Für diese Funktion wird eine analytische Formulierung gesucht, welche der Gleichung gerecht wird. – Diese Differentialgleichung ist als Paradigma gut geeignet, so daß wir an sie einige allgemeine Bemerkungen knüpfen können.

Wir wollen zunächst nach einer Lösung der Gleichung suchen. Dazu schreiben wir sie um und benutzen die vertrauten Bezeichnungen der Variablen:

$$-\frac{dy}{dx} = ky. \tag{236}$$

Wir können dafür auch

$$-\frac{1}{k}\frac{1}{y}\frac{dy}{dx} = 1$$

schreiben. Jetzt integrieren wir auf beiden Seiten (und beherzigen dabei Kap. 5.1.3.IV):

$$-\frac{1}{k}\int\frac{1}{y}\frac{dy}{dx}dx = \int dx,$$

oder, da man „gerade" Differentiale kürzen darf:

$$-\frac{1}{k}\int\frac{1}{y}dy = \int dx.$$

Abgesehen von den verschiedenartigen Benennungen der Variablen – die nicht zu stören brauchen – stehen auf beiden Seiten elementare unbestimmte Integrale (vgl. Tab. 5.1.). Wir setzen sie ein und erhalten

$$-\frac{1}{k}\ln|y| = x \; (+c).$$

Das läßt sich in

$$y = y_0 e^{-kx} \tag{237}$$

umformen. Dabei ist die Konstante $e^{-kc} = y_0 (> 0)$ genannt worden.

Die beliebige Integrationskonstante c bedingt also einen gleichfalls beliebigen Vorfaktor y_0 im Endergebnis. Die Betragsstriche sind übrigens entbehrlich geworden, da die Exponentialfunktion stets positiv ist.

Wir haben durch *Integration* eine *Lösung der Differentialgleichung* gefunden. Ihre Richtigkeit läßt sich leicht durch Differenzieren und Einsetzen bestätigen; es ist nämlich

$$\frac{dy}{dx} = -ky_0 e^{-kx} = -ky.$$

Die Lösung der Gleichung

$$-\frac{dc}{dt} = kc$$

heißt dementsprechend

$$c = c_0 e^{-kt},$$

ein Zusammenhang, den wir z. B. vom radioaktiven Zerfall her kennen.

(II) Terminologisches

Die Lösung der Differentialgleichung nennt man wegen des Lösungsweges ein „Integral der Differentialgleichung", den Lösungsvorgang selbst „Integration". Nicht immer kann man die Lösung auf einem solchen Wege bekommen; manchmal kommen Integrale im bisher geläufigen Sinne gar nicht vor. Trotzdem benutzt man die genannten Ausdrücke. Wenn man die Lösung, wie im vorstehenden Beispiel, durch eine gewöhnliche Integration bekommen kann, sagt man auch, man habe das Integral der Differentialgleichung „durch Quadratur" bekommen und meint mit letzterem Ausdruck, der an die Flächenberechnung erinnert, das gewöhnliche Integral.

Eine Differentialgleichung stellt ganz allgemein eine Beziehung zwischen einer gesuchten Funktion, ihren Ableitungen und unabhängigen Variablen her. Da gibt es vielfache Möglichkeiten. Um eine gewisse Ordnung zu finden, klassifiziert man grob nach der Zahl der unabhängigen Variablen und der Ordnung der Ableitungen, welche in der Differentialgleichung vorkommen.

Gibt es nur eine unabhängige Variable (x), so treten nur gewöhnliche Differentialquotienten dy/dx, d^2y/dx^2 etc. auf, und man spricht von einer *gewöhnlichen Differentialgleichung*. Bei mehreren unabhängigen Variablen – wenn z. B. eine Funktion $z(x,y)$ gesucht ist – treten in der Gleichung Ableitungen $\partial z/\partial x$, $\partial z/\partial y$ etc. auf. Dann hat man es mit *partiellen Differentialgleichungen* zu tun.

Nach der Ordnung der höchsten vorkommenden Ableitung wird auch die *Ordnung der Differentialgleichung* gezählt. Das einleitende Beispiel war demnach eine gewöhnliche Differentialgleichung 1. Ordnung.

Die Lösung der Differentialgleichung (das Integral) soll, wenn man sie und alle fraglichen Ableitungen einsetzt, nicht mehr und nicht weniger, als die Gleichung (für alle x, versteht sich) befriedigen. Dazu braucht sie, wie das Beispiel zeigt, nicht eindeutig festgelegt zu sein, sondern kann noch gewisse verfügbare Konstanten enthalten. Im Grunde hat man damit eine unendliche Vielzahl von Lösungen. Man nennt eine Lösung wie Gl. [237], die eine oder mehrere verfügbare

Konstanten enthält, deshalb auch das *allgemeine Integral* der Differentialgleichung. Legt man den Konstanten aber bestimmte Werte bei, so hat man eine spezielle Lösungsfunktion ausgewählt, die man dann als *partikuläres Integral* bezeichnet.

(III) Das Richtungsfeld einer gewöhnlichen Differentialgleichung 1. Ordnung

In einfachen Fällen lassen sich Differentialgleichungen graphisch veranschaulichen, was dann gut zu übersehen gestattet, wie die Lösungen zustande kommen.

So wie der graphischen Darstellung von Funktionen Grenzen gesetzt sind, kann man auch kompliziertere Differentialgleichungen, insbesondere wenn sie höhere Ableitungen enthalten, nicht mehr graphisch darstellen.

Wir betrachten den allgemeinen Fall einer Differentialgleichung mit der Ableitung dy/dx auf der einen Seite und einem y und x enthaltenden Ausdruck auf der anderen Seite, was man durch

$$\frac{dy}{dx} = f(x,y) \qquad [238]$$

umschreiben kann.

Das Funktionssymbol „f" steht hier für einen y und x in impliziter Form enthaltenden Ausdruck, nicht – wie sonst häufig – für $y = f(x)$. Letztere Funktion, die ja überhaupt erst gesucht wird, werden wir einfach mit $y = y(x)$ bezeichnen.

Hat eine Differentialgleichung diese Form, so läßt sich graphisch veranschaulichen, wie ihre Lösung entsteht. Die linke Seite ist ja die Steigung der gesuchten Funktion $y(x)$. Durch die Gleichung wird festgelegt, wie groß das Steigungsmaß an jeder Stelle (x,y) der Koordinatenebene ist. Um das darzustellen, können wir zu ausgewählten Punkten jeweils ein kurzes „Tangentchen" zeichnen und so ein die ganze Ebene bedeckendes *Richtungsfeld* bekommen.

Abb. 5.14. zeigt das Richtungsfeld für unser Beispiel, die Gl. [236]. Die Situation ist ähnlich wie im Falle eines Vektorfeldes Abb. 2.28. Dort bekam man Feldlinien durch Aneinanderketten von Vektoren; hier erhält man das Bild einer Lösungsfunktion durch Aneinanderketten von Tangentchen. Eine solche Lösungsfunktion ist in Abb. 5.14. eingezeichnet. Man sieht, daß man auch beliebig viele andere Lösungsfunktionen (Integrale) hätte zeichnen können. In ihrer Gesamtheit repräsentieren sie das allgemeine Integral der Differentialgleichung. Weiterhin wird deutlich, daß man zwar die Wahl eines Punktes frei hat, daß aber von diesem aus die Lösungsfunktion zwangsläufig weiter wächst*). In der rechnerischen Lösung, Gl. [237], drückt sich das im Vorfaktor y_0 aus. Mit ihm wird speziell ein Punkt auf der y-Achse ausgewählt, durch den die Lösungsfunktion hindurchgehen soll. Diese ist dann als partikuläres Integral zu bezeichnen.

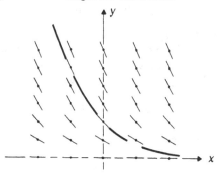

Abb. 5.14. Richtungsfeld $\mathrm{d}y/\mathrm{d}x = -y$. Eine Lösungsfunktion dieser Differentialgleichung ist eingezeichnet

Das Beispiel des radioaktiven Zerfalls verdeutlicht, welchen Sinn eine solche verfügbare Konstante vom sachlichen Standpunkt hat – denn es handelt sich ja nicht nur um eine mathematische Zufälligkeit. Es ist in diesem Falle c_0 die Anfangskonzentration. Ihre Beliebigkeit heißt gerade, daß das Zerfallsgesetz als Funktionstyp, in seinen Relationen, stets gilt, gleichgültig, ob man mit einer konzentrierten oder stark verdünnten Substanz beginnt. Bezeichnenderweise ist die charakteristische Zerfallskonstante (hier k) nicht frei wählbar, sondern, da sie bereits in der Differentialgleichung steht, von vornherein festgelegt.

5.4.2. Einige Lösungsschemata und Lösungsbeispiele

Unser einleitendes Beispiel ist als Muster für zwei häufig beschrittene Lösungswege geeignet, auf denen sich spezielle Arten von Differentialgleichungen integrieren lassen. Sie sollen im folgenden kurz skizziert werden.

Weitere Gesichtspunkte zu diesem Thema wird Kap. 13. bringen.

---

*) D.h.: Nach Wahl eines Punktes ist die Lösung eindeutig. Das gilt freilich nur, wenn die Funktion $f(x,y)$ in Gl. [238] sich anständig verhält. Sie muß stetig sein, darf nicht unendlich werden und muß überdies noch eine zusätzliche Bedingung (die sog. *Lipschitz*-Bedingung) erfüllen.

(I) Trennung der Variablen

Eine Differentialgleichung möge eine spezielle Variante von Gl. [238] sein, die es erlaubt, alles, was die Variable x enthält (das Differential dx inbegriffen) auf eine Seite der Gleichung zu schaffen und gleichermaßen alles, was y enthält, auf die andere. Das nennt man *Trennung der Variablen*. Sie ergibt

$$g(y)\,dy = h(x)\,dx.$$ [239a]

Alle Differentialgleichungen, die sich auf diese Grundform bringen lassen, sind durch gewöhnliche Integration lösbar*). Der Weg ist einfach und wurde schon bei dem einleitenden Beispiel beschritten. Wir verfolgen ihn noch einmal in allgemeiner Formulierung. Man schreibt

$$g(y)\,\frac{dy}{dx} = h(x)$$

und integriert beiderseits zu

$$\int g(y)\,\frac{dy}{dx}\,dx = \int h(x)\,dx$$

oder einfacher geschrieben

$$\int g(y)\,dy = \int h(x)\,dx \;(+c).$$ [239b]

Die beiden unbestimmten Integrale hat man nun mit den Methoden der Integralrechnung aufzusuchen. In ihnen ist die gesuchte Lösung $y(x)$ gewöhnlich *implizit* enthalten. Man muß im Einzelfall sehen, ob sich auch eine explizite Formulierung daraus herstellen läßt.

Gl. [239b] kann man in formaler Weise aus der Grundform der Differentialgleichung bekommen, indem man beiderseits Integralzeichen davorsetzt. *Beispiel:* Sei, in der Form von Gl. [238] die Differentialgleichung

$$\frac{dy}{dx} = \frac{y}{x}$$

---

*) Man beachte, daß hier g und h jeweils Funktionen nur *einer* Variablen sind! – Es gibt selbstverständlich auch die Möglichkeit, daß es Funktionen von zwei Variablen sind, also: $g = g(x,y)$ und $h = h(x,y)$. Dann erfordert aber die Differentialgleichung andere Lösungsmethoden. Manchmal handelt es sich um solche Funktionen g und h, daß sich die ganze Differentialgleichung nach Gl. [196] als totales Differential einer Funktion $z(x,y)$ schreiben läßt: $dz(x,y) = 0$ (sog. exakte Differentialgleichung). Deren Lösung ist dann (in impliziter Form): $z(x,y) = c$ ($\rightarrow$ Kap. 4.2.II).

gegeben. Wir bringen sie auf die Grundform Gl. [239a]:

$$\frac{dy}{y} = \frac{dx}{x},$$

und integrieren zu

$$\int \frac{dy}{y} = \int \frac{dx}{x} \quad (+ c).$$

Diese Integrale sind bekannt; es ist

$$\ln|y| = \ln|x| \quad (+ c).$$

Die explizite Lösung lautet

$$y = ax,$$

wobei durch $c = \ln a$ eine neue Bezeichnung für die beliebig wählbare Konstante eingeführt wurde.

(II) Lineare Differentialgleichungen mit konstanten Koeffizienten

Unser einleitendes Beispiel ist zugleich Vertreter einer zweiten Art von Differentialgleichungen, die man allgemein in der Form

$$a_n \frac{d^n y}{dx^n} + \ldots + a_2 \frac{d^2 y}{dx^2} + a_1 \frac{dy}{dx} + a_0 y = 0 \qquad [240]$$

schreiben kann, mit festen (keine Variablen enthaltenden) Koeffizienten a_i. Da keine Potenzen vorkommen, nennt man diesen Typ lineare Differentialgleichung. Die Ordnung n kann beliebig sein; Gl. [236] ist ein Beispiel 1. Ordnung.

Solche Differentialgleichungen lassen sich ohne Integration (im gewöhnlichen Sinne) lösen durch einen geschickten Ansatz: Man erinnert sich der Lösung von Gl. [236] und vermutet, daß auch im nun verallgemeinerten Falle eine *Exponentialfunktion* als Lösung in Frage kommen sollte. Deshalb setzt man von vornherein an:

$$y = \eta e^{\kappa x}, \qquad [241a]$$

ohne über die beiden Konstanten η und κ schon etwas Genaueres zu wissen. Der Ansatz läßt sich leicht differenzieren:

$$\frac{dy}{dx} = \eta \kappa e^{\kappa x} = \kappa y,$$

$$\frac{d^2 y}{dx^2} = \eta \kappa^2 e^{\kappa x} = \kappa^2 y \quad \text{usw.}$$

Wenn man alle diese Differentialquotienten in Gl. [240] einsetzt, kann man y (da es als Exponentialfunktion stets ungleich Null ist) als gemeinsamen Faktor aus der Gleichung streichen, und es bleibt die sog. *charakteristische Gleichung* übrig:

$$a_n\kappa^n + \ldots + a_2\kappa^2 + a_1\kappa + a_0 = 0. \qquad [242]$$

Darin sind alle a_i bekannt, also handelt es sich um eine Gleichung, aus der man κ berechnen kann. Die κ-Werte, welche sich so ergeben, sind gerade solche, die zusammen mit dem Ansatz Gl. [241a] die Differentialgleichung befriedigen. Also ist mit der Lösung der charakteristischen Gleichung unsere Aufgabe im wesentlichen gelöst. Bemerkenswerterweise bekommen wir nur eine Bedingungsgleichung für den Faktor κ aus dem Exponenten unseres Ansatzes, nicht aber für den Vorfaktor η. Dieser ist offensichtlich – wie schon im einleitenden Beispiel – beliebig wählbar.

Die charakteristische Gleichung hat, wie der Fundamentalsatz der Algebra (Kap. 2.2.1.II) lehrt, n Lösungen. Es fallen also n, im allgemeinen verschiedene, κ-Werte κ_1 bis κ_n an. Welchen soll man in den Ansatz Gl. [241a] übernehmen? Die Antwort lautet: Alle! Man bildet mit jedem κ_i einen dem Ansatz entsprechenden Term und summiert diese:

$$y = \eta_1 e^{\kappa_1 x} + \eta_2 e^{\kappa_2 x} + \ldots + \eta_n e^{\kappa_n x}. \qquad [241b]$$

Das ist das *allgemeine Integral* der Differentialgleichung. Es enthält insgesamt n beliebig wählbare Konstanten η_1 bis η_n. Dagegen war der Einzelterm Gl. [241a] des ursprünglichen Ansatzes eigentlich nur ein partikuläres Integral, in dem alle η-Werte, bis auf einen, Null gesetzt wurden.

Generell gilt: *Das allgemeine Integral einer Differentialgleichung n-ter Ordnung enthält n verfügbare Konstanten.* Sie lassen sich nur durch zusätzliche Bedingungen festlegen, welche außermathematisch sind und in der Regel die experimentellen Umstände genauer umschreiben (*Anfangsbedingungen*).

Beispiel: Wir betrachten als wichtigen Vertreter eine Differentialgleichung 2. Ordnung, die einen zeitabhängigen Vorgang $y(t)$ beschreibt (unabhängige Variable t):

$$\frac{\mathrm{d}^2 y}{\mathrm{d}t^2} + \omega_0{}^2 y = 0. \qquad [243]$$

(Indem wir für den Koeffizienten a_0 das Quadrat $\omega_0{}^2$ schreiben, legen wir ihn als positiv fest.)
Ansatz:

$$y = \eta\, e^{\kappa t}.$$

Charakteristische Gleichung:

$$\kappa^2 + \omega_0{}^2 = 0.$$

Die Lösungen dieser Gleichung sind imaginär:

$$\kappa_{1,2} = \pm i\omega_0.$$

Das allgemeine Integral lautet also gemäß Gl. [241b]:

$$y = \eta_1 e^{i\omega_0 t} + \eta_2 e^{-i\omega_0 t}. \qquad [244a]$$

Die Lösungsfunktion ist im allgemeinen komplexwertig, denn nicht nur die Exponentialfaktoren sind komplex, auch die Vorfaktoren dürfen es sein ($\eta_{1,2} = a_{1,2} + ib_{1,2}$).

Man kann die Funktion in Real- und Imaginärteil aufspalten, und da die Differentialgleichung linear ist, sind beide für sich genommen ebenfalls Lösungen. Das allgemeine reelle Integral ist:

$$y = A \cos \omega_0 t + B \sin \omega_0 t, \qquad [244b]$$

wo $A = a_1 + a_2$ und $B = -b_1 + b_2$ nunmehr *reelle* verfügbare Konstanten sein sollen*). Partikuläre Integrale sind insbesondere

$$y = \hat{y} \cos \omega_0 t \quad \text{oder} \quad y = \hat{y} \sin \omega_0 t. \qquad [244c]$$

Nach Kap. 1.1.1.VI haben wir die komplexe oder reelle Darstellung eines Schwingungsvorganges vor uns. Die vorgelegte Differentialgleichung umschreibt gerade die Verhältnisse, die zu Schwingungen führen; sie wird als *Schwingungsgleichung* bezeichnet und spielt in den Anwendungen eine wichtige Rolle.

Wir benutzen die Gelegenheit, um auch zu demonstrieren, wie man die verfügbaren Konstanten durch *Anfangsbedingungen* festlegt.

Da in Gl. [244b] zwei Konstanten vorkommen, können wir zwei Bedingungen stellen. Typischerweise schreibt man die Anfangswerte der *Funktion* und ihrer *Ableitung*, das sind die Werte bei $t = 0$, entsprechend den sachlichen Gegebenheiten vor. Sei, als Zahlenbeispiel (in welchem der Einfachheit zuliebe auf die eigentlich notwendigen Maßeinheiten verzichtet ist):

$$y = 1 \quad \text{und} \quad dy/dt = 1 \quad \text{für} \quad t = 0.$$

Wir setzen die erste Bedingung in Gl. [244b] ein und erhalten

$$1 = A \cos 0 + B \sin 0,$$

also

$$A = 1.$$

---

*) Die allgemeine Lösung, Gl. [244a], wird immer dann von selbst reell, bekommt also die Form von Gl. [244b], wenn η_1 und η_2 zueinander konjugiert komplex sind: $\eta_1 = \eta_2^*$. Dann nämlich ist der Imaginärteil von Gl. [244a] Null.

Die zweite Bedingung ist in die Ableitung

$$\frac{dy}{dx} = -A\omega_0 \sin \omega_0 t + B\omega_0 \cos \omega_0 t$$

einzusetzen und ergibt auf entsprechende Weise:

$$B = \frac{1}{\omega_0}.$$

Das Integral lautet also *unter den gegebenen Anfangsbedingungen:*

$$y = \cos \omega_0 t + \frac{1}{\omega_0} \sin \omega_0 t.$$

5.4.3. Differentialgleichungen spezieller Funktionen

Das zuletzt angeführte Beispiel betrachten wir noch von einem anderen Standpunkt. Aus Gl. [243] folgt auf jeden Fall eine allgemeine Lösung in Form harmonischer Schwingungen, ganz gleich, ob man Kenntnisse der Trigonometrie hat und weiß, wie Cosinus und Sinus definiert sind. Man könnte die Schwingungsgleichung nachgerade zur Erklärung dessen benutzen, was unter Cosinus- und Sinusfunktion verstanden werden soll. Diese Betrachtungsweise entspricht etwa der in Kap. 5.3., wo ein Integral die Aufgabe übernahm, eine Funktion zu definieren.

Es gibt eine ganze Reihe von Differentialgleichungen, deren Lösungen, in ähnlicher Weise wie bei der Schwingungsgleichung, bestimmte Funktionen oder Funktionstypen sind. Differentialgleichung und Funktionstyp gehören gewissermaßen zusammen wie zwei Seiten derselben Münze.

Wir nennen im folgenden einige für die Anwendungen interessante Beispiele. Die beiden ersten sind bereits bekannt, aber der Übersicht wegen noch einmal mit aufgeführt. Verfügbare Koeffizienten sind weggelassen; es soll nur der Funktionstyp charakterisiert werden.

(I)   Dgl.: $\dfrac{dy}{dx} - ky = 0.$

   F: $y = e^{kx}.$

(II)   Dgl.: $\dfrac{d^2y}{dx^2} + k^2 y = 0.$

   F: $y = \cos kx$ (oder e^{ikx}).

(III)   Dgl: $(1-x^2)\dfrac{d^2y}{dx^2} - 2x\dfrac{dy}{dx} + n(n+1)y = 0,$

134

*Legendre*sche Dgl. $\qquad n = 0, 1, 2, \ldots$

F: $\qquad y = P_0(x) = 1 \qquad\qquad (n = 0),$
$\qquad\qquad P_1(x) = x \qquad\qquad (n = 1),$
$\qquad\qquad P_2(x) = \dfrac{1}{2}(3x^2 - 1) \quad (n = 2),$

$\qquad\qquad P_3(x) = \dfrac{1}{2}(5x^3 - 3x) \; (n = 3), \quad$ usw.

Diese Funktionen sind die *Legendre*schen Polynome, wie man im Vergleich mit Gl. [111] erkennt, wenn man

$\qquad x = \cos\vartheta$

setzt. Man kann die *Legendre*sche Differentialgleichung auch unmittelbar mit der Variablen ϑ formulieren; dann lautet sie:

$$\frac{\mathrm{d}^2 y}{\mathrm{d}\vartheta^2} + \frac{1}{\tan\vartheta}\,\frac{\mathrm{d}y}{\mathrm{d}\vartheta} + n(n+1)y = 0.$$

(IV) $\quad$ Dgl: $\qquad x\,\dfrac{\mathrm{d}^2 y}{\mathrm{d}x^2} + (1-x)\,\dfrac{\mathrm{d}y}{\mathrm{d}x} + ny = 0,$

*Laguerre*sche Dgl. $\qquad\qquad n = 0, 1, 2, \ldots$

F: $\qquad y = L_0(x) = 1 \qquad\qquad\qquad (n = 0),$
$\qquad\qquad L_1(x) = -x + 1 \qquad\qquad (n = 1),$
$\qquad\qquad L_2(x) = \dfrac{1}{2}x^2 - 2x + 1 \qquad\qquad (n = 2),$

$\qquad\qquad L_3(x) = -\dfrac{1}{6}x^3 + \dfrac{3}{2}x^2 - 3x + 1 \; (n = 3), \quad$ usw.

Diese Funktionen heißen *Laguerre*sche Polynome.

(V) $\quad$ Dgl: $\qquad \dfrac{\mathrm{d}^2 y}{\mathrm{d}x^2} - 2x\,\dfrac{\mathrm{d}y}{\mathrm{d}x} + 2nx = 0,$

*Hermite*sche Dgl. $\qquad\qquad n = 0, 1, 2, \ldots$

F: $\qquad y = H_0(x) = 1 \qquad\quad (n = 0),$
$\qquad\qquad H_1(x) = 2x \qquad\qquad (n = 1),$
$\qquad\qquad H_2(x) = 4x^2 - 2 \qquad (n = 2),$
$\qquad\qquad H_3(x) = 8x^3 - 12x \; (n = 3), \quad$ usw.

Diese Funktionen heißen *Hermite*sche Polynome.

Die letzten Beispiele haben wir nicht etwa der Kuriosität halber ausgewählt, sondern weil sie zur Beschreibung einfacher quantenchemischer Sachverhalte von Nutzen sind. Daran sieht man, daß naturwissenschaftliche Probleme, die in ihrem sachlichen Zusammenhang „einfach" zu nennen sind, nicht unbedingt mit den scheinbar einfachsten mathematischen Formeln behandelt werden können.

6. Integralrechnung von Funktionen zweier (und mehrerer) Variabler

6.1. Anschauliche Einführung

Der Integralbegriff – im Sinne des bestimmten Integrals – läßt sich mit verschiedenen Zielrichtungen auf Funktionen mehrerer Variabler erweitern. Darüber wollen wir uns zunächst einen Überblick verschaffen. Am anschaulichsten ist das möglich, wenn wir an eine Ortsfunktion denken. Fälle wie die bisher behandelten werden wir zu diesem Zwecke als Ortsfunktionen im Eindimensionalen interpretieren und zum Ausgangspunkt wählen.

Zur Veranschaulichung der Funktion – des Integranden – greifen wir jetzt auf das „malerische" Prinzip zurück, das wir bisher zugunsten der Darstellung durch Kurven hintanstellten. Der Wert der Ortsfunktion wird also durch den Grad der Schwärzung repräsentiert, oder, noch faßbarer, durch die Massendichte des Darstellungsmaterials (z. B. der Druckerschwärze). Eine Funktion $y = f(x)$ *einer* Variablen sieht in dieser Darstellungsweise wie in Abb. 2.5.b aus: Der Funktionswert wird durch die Masse pro Längeneinheit wiedergegeben.

Das bestimmte Integral $\int_{x_1}^{x_2} f(x)\,\mathrm{d}x$ bedeutet in diesem eindimensionalen Bild: Die Massenbelegung zwischen x_1 und x_2 wird aufgesammelt; das Integral ist nichts anderes als die insgesamt gesammelte Masse.

Das Integral hat die Dimension von f (d. h. Masse/m), multipliziert mit der von x (d. h. m), also ist diese Hilfsvorstellung auch dimensionsmäßig akzeptabel.

Im Eindimensionalen gibt es überhaupt keine andere Möglichkeit des „Einsammelns" als die beschriebene. Haben wir aber eine Ortsfunktion im *Zweidimensionalen*, wie Abb. 6.1. sie darstellt, so eröffnen sich zwei prinzipiell unterschiedliche Möglichkeiten. Man kann entlang einer beliebigen, insbesondere auch krummen *Linie* einsammeln, wie es Abb. 6.1.a andeutet, wobei das Integrieren längs der x- oder y-Achse als Spezialfall natürlich auch zulässig ist. So bekommt man ein *Linien-* (oder *Kurven-*)*Integral*. Man kann aber auch auf einer Fläche einsammeln, also ein *Flächenintegral* bilden (Abb. 6.1.b).

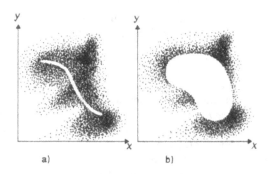

Abb. 6.1. Funktion von zwei Variablen, dargestellt durch Schwärzung. Veranschaulichung der Integration (die zum Integral beitragenden, aufgesammelten Funktionswerte hinterlassen leere Stellen). a) Linienintegral; b) Flächenintegral

Daß zwischen diesen beiden Verfahrensweisen ein grundsätzlicher Unterschied besteht, sieht man sofort an der Dimension des Ergebnisses. Wir geben dem Integranden $f(x,y)$ jetzt – im zweidimensionalen Raum – die Modelldimension Masse pro Flächeneinheit. Das Einsammeln längs einer Linie bedeutet für das Integral dimensionsmäßig: Multiplikation mit einer Länge, das Einsammeln auf der Fläche dagegen: Multiplikation mit einer Fläche. Im Vergleich unterscheiden sich Linien- und Flächenintegral um einen Faktor der Dimension Länge.

Formal drücken sich die Unterschiede zwischen beiden Arten von Integralen in der Integrationsvariablen aus. Im ersten Fall ist es ein (eindimensionaler) Weg, den wir mit s bezeichnen wollen (speziell kann s gleich x oder y sein), im zweiten Fall eine (zweidimensionale) Fläche A. Deshalb ist wie folgt zu schreiben:

Linienintegral   Flächenintegral

$$\int f(x,y)\, ds, \qquad \int f(x,y)\, dA .$$

Die Differentiale der Integrationsvariablen heißen auch „Linienelement" ds resp. „Flächenelement" dA. Ihnen sind wir in anderem Zusammenhang schon begegnet, vgl. Kap. 4.1.3.II.

Um das bestimmte Integral festzulegen, sind weitere Präzisierungen nötig, nämlich im ersten Fall die genaue Angabe des Verlaufs der Integrationskurve mit ihren Anfangs- und Endpunkten, im zweiten Fall die genaue Angabe des Integrationsbereichs. Am Integralzeichen selbst beschränkt man sich darauf, die Buchstaben C für Kurve und

A für Bereich (oder gleichbedeutende) anzufügen und Kurve oder Bereich durch gesonderte Gleichungen festzulegen:

$$\int_C f(x,y)\,\mathrm{d}s \quad \text{resp.} \quad \int_A f(x,y)\,\mathrm{d}A.$$ [245]

Das sind die Integrationsmöglichkeiten im Zweidimensionalen.

Nichts hindert uns nun am nächsten Schritt, nämlich eine Ortsfunktion im *Dreidimensionalen* als Integranden zu betrachten. Für das „Einsammeln" gibt es jetzt drei Möglichkeiten, die zu dimensionsmäßig verschiedenen Integralen führen:

Integration längs einer beliebig im Raum liegenden, auch krummen Kurve ergibt wieder ein Linienintegral;

Integration auf einer beliebig im Raum liegenden, auch krummen Fläche ergibt wieder ein Flächenintegral;

Integration in einem ganzen, abgegrenzten Raumbereich *V* ergibt als neue Möglichkeit ein *Volumenintegral*.

In diesem Fall ist als Differential ein Volumenelement d*V* einzusetzen.

Für die Differentiale werden oft auch andere Buchstaben verwendet. So ist gebräuchlich: d*r* statt d*s*, d^2r statt d*A*, d^3r statt d*V*.

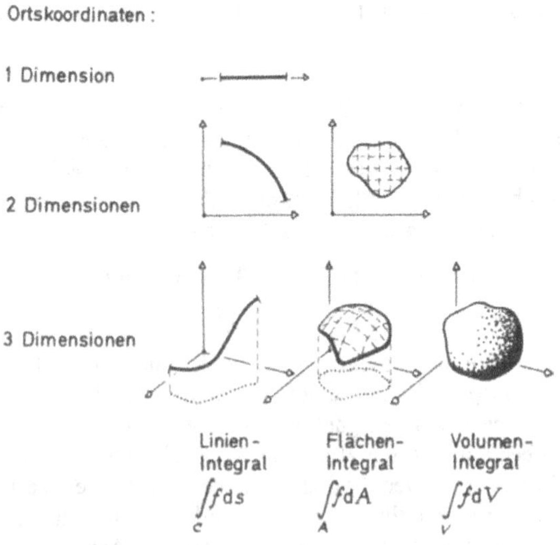

Abb. 6.2. Integrationsgebiete im Ein-, Zwei- und Dreidimensionalen

Die Integrationsmöglichkeiten im Dreidimensionalen sind also:

$$\int_C f(x,y,z)\,\mathrm{d}s \text{ resp. } \int_A f(x,y,z)\,\mathrm{d}A \text{ resp. } \int_V f(x,y,z)\,\mathrm{d}V. \qquad [246]$$

Abb. 6.2. stellt noch einmal schematisch die Integrationsgebiete zusammen.

Wenn man sich nicht auf Ortsfunktionen beschränkt, lassen sich auf diese Weise auch Integrale über Funktionen von mehr als drei Variablen erklären, die man sich allerdings nur in höherdimensionalen Räumen vorstellen (besser gesagt: nicht vorstellen) kann.

6.2. Linienintegrale

6.2.1. Das allgemeine Kurvenintegral und seine Berechnung

(I) Das allgemeine Kurvenintegral

Von dem anschaulich eingeführten Kurven-(Linien-)integral $\int_C f\,\mathrm{d}s$ wollen wir gar nicht erst ausführlicher handeln, sondern gleich eine Verallgemeinerung ins Auge fassen*). Der Grund ist folgender: Wir haben f und s wie skalare Größen behandelt und unter dem Integral ein gewöhnliches Produkt $f\,\mathrm{d}s$ geschrieben. Das genügt für viele praktische Anwendungen nicht. Ein Musterbeispiel ist die Berechnung der Arbeit in der Mechanik, bei der definitionsgemäß das Skalarprodukt zweier *Vektorgrößen* von der Form $\vec{f}\cdot\mathrm{d}\vec{s}$ auftritt. Indem wir die vektorielle Betrachtungsweise zugrunde legen, kommen wir zum allgemeinen Kurvenintegral, das wir am Beispiel der Arbeit näher betrachten wollen.

Das in Tab. 3.1. angegebene Differential der Arbeit, $\mathrm{d}W = F\,\mathrm{d}s$, gilt nur, falls Kraft und Weg parallel gerichtet sind. Allgemein ist $\mathrm{d}W$ ein Skalarprodukt

$$\mathrm{d}W = \vec{F}\cdot\mathrm{d}\vec{s}.$$

In einem Kraftfeld sind die skalaren Komponenten der Kraft von Ort zu Ort verschieden, man hat also Funktionen $F_x(x,y,z)$ etc. vor sich. Das Linienelement $\mathrm{d}\vec{s}$ ist in Abb. 4.5.a für den zweidimensionalen Fall gezeichnet. Es hat bei räumlicher Ergänzung dieses Bildes die Komponenten $\mathrm{d}x$, $\mathrm{d}y$ und $\mathrm{d}z$.

---

*) Zur Unterscheidung wird $\int_c f\,\mathrm{d}s$ mitunter *Kurvenintegral 1. Art* genannt, das im folgenden erklärte dagegen *Kurvenintegral 2. Art*.

Längs eines Weges C erhält man die gesamte Arbeit als

$$W = \int_C dW,$$

das ist

$$W = \int_C \vec{F} \cdot \overrightarrow{ds} = \int_C \{F_x dx + F_y dy + F_z dz\}. \qquad [247]$$

(II) Berechnung des Integrals

Die dimensionsmäßige Verwandtschaft läßt erwarten, daß man ein Kurvenintegral – in Kenntnis des Integrationsweges, versteht sich – auf ähnliche Weise wie ein gewöhnliches Integral berechnen kann. Daß diese Erwartung nicht unberechtigt ist, wird die folgende Umformung schnell zeigen.

Die Kurve C geben wir durch eine Vorschrift in Parameterform an:

$$\begin{aligned}
x &= x(t), \\
y &= y(t), \qquad\qquad [248] \\
z &= z(t).
\end{aligned}$$

Anfang und Ende des Integrationsweges sind durch die Parameterwerte t_1 und t_2 markiert.

Mit Hilfe der Kurvengleichung kann man zunächst die Argumente der Funktionen F_x, F_y und F_z alle durch t ausdrücken. Weiter kann man die Ableitungen der drei Gleichungen [248] bilden und damit

$$dx = \frac{dx}{dt} dt \quad \text{etc.}$$

rechts in Gl. [247] substituieren. So bekommt man schließlich durch das Einarbeiten der Weggleichung ein Integral, das nur noch t als Integrationsvariable enthält:

$$W = \int_C \vec{F} \cdot \overrightarrow{ds} = \int_{t_1}^{t_2} \left\{ F_x(t) \frac{dx(t)}{dt} \right.$$
$$+ F_y(t) \frac{dy(t)}{dt} \qquad [249]$$
$$\left. + F_z(t) \frac{dz(t)}{dt} \right\} dt.$$

Jetzt steht rechts ein gewöhnliches Integral, auch der Integrand { } enthält nur noch Ausdrücke in Abhängigkeit von t. Damit ist das Kurvenintegral – unter Einbeziehung der Wegvorschrift – in eine Form gebracht, die als bestimmtes Integral in bekannter Weise berechnet werden kann.

Die Wegvorschrift drückt sich in den Differentialquotienten dx/dt etc. aus, die der Parameterdarstellung der Kurve zu entnehmen sind, während F_x, F_y und F_z das unabhängig vom Wege vorgegebene Kraftfeld darstellen.

Durchläuft man den Weg C in *umgekehrter Richtung*, so sind die Grenzen in Gl. [249] zu vertauschen, wobei das Integral gemäß Gl. [221b] sein *Vorzeichen wechselt*. Es genügt daher nicht, einfach den Integrations*weg* anzugeben, man muß auch hinzufügen, in welcher *Richtung* er durchlaufen werden soll.

(III) Verallgemeinerung

Die Kraftkomponenten sind, jede für sich, *skalare* Ortsfunktionen, die z. B. in Abb. 2.28. graphisch dargestellt sind. Wir abstrahieren nun von unserem Beispiel, indem wir an Stelle von $F_x(x,y,z)$, $F_y(x,y,z)$ und $F_z(x,y,z)$ irgendwelche beliebigen Funktionen $g(x,y,z)$, $h(x,y,z)$ und $k(x,y,z)$ setzen, die keinen gemeinsamen sachlichen Ursprung zu haben brauchen. Auch wollen wir nicht unbedingt verlangen, die drei unabhängigen Variablen x, y und z müßten Ortskoordinaten sein.

Dann nennt man das zu Gl. [247] analoge Integral

$$\int_C \{g\,dx + h\,dy + k\,dz\} \qquad [250]$$

ein *allgemeines Kurvenintegral*. In Kenntnis des Integrationsweges läßt es sich, wie vorn geschildert, durch ein Gl. [249] entsprechendes, gewöhnliches Integral berechnen.

Ein oder zwei der Funktionen g, h oder k können auch Null sein, wodurch sich das allgemeine Kurvenintegral vereinfacht.

Das Integral existiert sicher dann, wenn g, h und k in dem Bereich, durch den die Kurve C sich hinzieht, stetige Funktionen sind. Das entspricht der Integrierbarkeitsbedingung im Falle eines gewöhnlichen Integrals.

(IV) Beispiel

Wir betrachten das in Abb. 2.28. dargestellte Schwerkraftfeld der Erde. In ihm möge sich ein Objekt bewegen, und zwar in der Äquatorebene, so daß es genügt, mit den Variablen x und y zu rechnen. Wir fragen nach der Arbeit beim Zurücklegen eines bestimmten Weges. Das Integral Gl. [247] vereinfacht sich zu

$$W = \int_C \{F_x\,dx + F_y\,dy\}\,.$$

Die Schwerkraft-Komponenten F_x und F_y sind, ausgehend von Gl. [116], nach Abb. 6.3.a zu ermitteln. Danach ist

$$F_x = -\frac{c}{r^2}\cos\varphi,$$

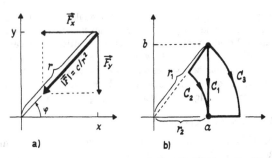

a)   b)

Abb. 6.3. Zur Berechnung der Arbeit im Schwerkraftfeld. a) Kraftkomponenten; b) Integrationswege

$$F_y = -\frac{c}{r^2}\sin\varphi,$$

oder, indem man nach Gl. [76b] zu kartesischen Koordinaten übergeht:

$$F_x = -\frac{cx}{\sqrt{(x^2+y^2)^3}},$$

$$F_y = -\frac{cy}{\sqrt{(x^2+y^2)^3}}.$$

Damit ergibt sich die Arbeit

$$W = -c\int_c\left\{\frac{x}{\sqrt{(x^2+y^2)^3}}\,dx + \frac{y}{\sqrt{(x^2+y^2)^3}}\,dy\right\}.$$

Wir wählen nun speziell einen zur y-Achse parallelen Integrationsweg C_1 (Abb. 6.3.b) mit der Parameterdarstellung

$$\begin{aligned}x &= a,\\ y &= t,\\ (z &= 0)\end{aligned}$$

und den Grenzen $t_1 = b$, $t_2 = 0$. Das Integral drückt sich mit der Variablen t wie folgt aus ($dx/dt = 0$!):

$$W = -c\int_{t_1}^{t_2}\frac{t}{\sqrt{(a^2+t^2)^3}}\,dt.$$

Es ist durch Variablensubstitution, $a^2 + t^2 = \xi$, lösbar und ergibt

$$W = c\,\frac{1}{\sqrt{a^2+t^2}}\Bigg|_{t_1}^{t_2} = c\left(\frac{1}{a} - \frac{1}{\sqrt{a^2+b^2}}\right).$$

142

Noch einfacher sieht das Ergebnis in Polarkoordinaten aus, nämlich

$$W = c \left(\frac{1}{r_2} - \frac{1}{r_1} \right),$$

wobei r_1, r_2 die Radien am Anfangs- und Endpunkt des Weges bezeichnen. Für die Arbeit längs C_1 kommt es also überhaupt nur auf die Abstandsänderung an, die mit diesem Wege verbunden ist.

Es verwundert etwas, daß man *dasselbe* Ergebnis für die Arbeit findet, wenn man andere Wege zwischen den *gleichen* Endpunkten benutzt. Nachrechnen kann man das z.B. leicht für die Wege C_2 oder C_3 in Abb. 6.3.b. Die Teilstücke in radialer Richtung ergeben nämlich jedesmal den obigen Wert für die Arbeit, während die Teilstücke auf den Kreisbögen gar keine Arbeit erfordern, denn dort stehen $\vec{F}$ und $\overrightarrow{ds}$ senkrecht aufeinander. Wir schließen aus diesen drei überprüften Beispielen, daß die Arbeit *immer* nur von den beiden Endpunkten des Weges abhängt, aber nicht davon, wie er zwischendrin verläuft. Das meint man, wenn man die Feststellung trifft: *Das betrachtete Kurvenintegral ist wegunabhängig.*

6.2.2. Wegunabhängigkeit des Kurvenintegrals

(I) Die Bedingung für Wegunabhängigkeit

Im allgemeinen hängt der Wert eines Kurvenintegrals sehr wohl vom Verlauf des Weges im einzelnen ab. Wegunabhängigkeit wie im vorigen Beispiel ist eine Besonderheit, deren Hintergrund wir noch aufzuklären haben.

Wir erinnern uns an Gl. [197c], die einen Zusammenhang zwischen den Kraftkomponenten und dem Potential angibt. Mit ihrer Hilfe läßt sich die Arbeit, ausgehend von Gl. [247], auch anders berechnen. Man setzt die Ausdrücke für F_x etc. ein und bekommt

$$W = \int_C \vec{F} \cdot \overrightarrow{ds} = - \int_C \left\{ \frac{\partial V}{\partial x} \, dx + \frac{\partial V}{\partial y} \, dy + \frac{\partial V}{\partial z} \, dz \right\}.$$

Rechts steht als Integrand das totale Differential dV des Potentials (welches eine *skalare* Ortsfunktion $V(x, y, z)$ ist). Also ist

$$W = - \int_C dV.$$

Damit haben wir wieder ein gewöhnliches Integral mit nur einer Integrationsvariablen, die diesmal aber V, nicht t, heißt. Vom Integrationsweg müssen wir selbstverständlich die durch V_1 und V_2 markierten Grenzen wissen, aber keine weiteren Details. (Vom Weg abhängige Einzelheiten, wie die Differentialquotienten in Gl. [249], treten hier gar nicht in Erscheinung.) Das heißt nichts anderes als: Das Integral ist *wegunabhängig* – in dem Sinne, daß es allein durch die Endpunkte festgelegt ist. Die Arbeit ist einfach gleich der Potential-differenz

$$W = -(V_2 - V_1). \qquad [251]$$

Die Rechnung und die Überlegungen des vorigen Beispiels hätten wir uns ersparen können! Denn offensichtlich hat ja die Schwerkraft ein Potential, welches in Polarkoordinaten

$$V = -\frac{c}{r}$$

lautet. Zur Begründung verweisen wir auf Kap. 4.3.II, wonach $\vec{F} = -\operatorname{grad} V$ ist, und auf den Ausdruck Gl. [217a]. Nach ihm ergibt sich die Radialkompo-nente der Schwerkraft aus dem angegebenen Potential zutreffend zu $F_r = -c/r^2$, während ϑ- und φ-Komponente, wie es sein soll, Null sind.

Demnach hätten wir gleich von Gl. [251] Gebrauch machen sollen, welche das allgemeine Ergebnis

$$W = -(V_2 - V_1) = c\left(\frac{1}{r_2} - \frac{1}{r_1}\right).$$

zeitigt, das gleiche, das wir im vorigen Beispiel auf recht umständliche Art bekommen haben. Die Wegunabhängigkeit, die wir dort mehr vermutet als bewiesen hatten, wird jetzt auf zwanglose Weise bestätigt.

Die *Besonderheit*, die wir bei dieser Betrachtung ausnutzen konnten, ist die *Existenz eines Potentials*, also die Möglichkeit, den *Integranden als totales Differential* zu schreiben. Verallgemeinert folgern wir den wichtigen Satz:

Ein allgemeines Kurvenintegral ist wegunabhängig, wenn sich die Funktionen g, h und k von Gl. [250] aus einem gemeinsamen Potential V herleiten. Dann ist

$$\int_C \{g\,\mathrm{d}x + h\,\mathrm{d}y + k\,\mathrm{d}z\} = V_2 - V_1 \,{}^*). \qquad [252]$$

Die Bedingungen, unter denen ein Potential existiert, sind in Kap. 4.2.II angegeben (→ insbesondere Gl. [195]). Dort findet sich in Abb. 4.6. auch eine qualitative Veranschaulichung der Wegunabhängigkeit.

---

*) Das Minuszeichen wie in Gl. [251] fehlt hier; es ist eine Eigenheit des Potentials in der Mechanik, die mit der Vorzeichenkonvention zusammen-hängt; vgl. Kap. 4.2.II.

(II) Geschlossener Integrationsweg

Besteht Wegunabhängigkeit, so hat das eine weitere Konsequenz. Gesetzt den Fall, wir haben das Kurvenintegral über zwei Wege mit gleichen Endpunkten (Abb. 6.4.), so ist $\int\limits_{C_1} = \int\limits_{C_2}$. Bei einem der Wege kehren wir den Durchlaufungssinn um, wobei das Integral sein Vorzeichen wechselt:

$$\int\limits_{C_{-2}} = -\int\limits_{C_2}.$$

Wenn wir nun C_1 und C_{-2} nacheinander durchlaufen, ist das ein geschlossener Weg, der zu seinem Ausgangspunkt zurückführt. Das Kurvenintegral auf dem geschlossenen Weg wird Null, weil die beiden Teilintegrale sich aufheben. Dabei ist es ganz gleichgültig, welchen Startpunkt man wählt.

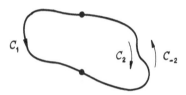

Abb. 6.4. Geschlossener Integrationsweg

Das Linienintegral über einen in sich geschlossenen Weg (Umlaufintegral, Ringintegral) symbolisiert man durch das Zeichen $\oint\limits_{C}$. Unser Befund läßt sich also in folgende Formel fassen:

$$\oint\limits_{C} \{g\,\mathrm{d}x + h\,\mathrm{d}y + k\,\mathrm{d}z\} = 0 \qquad [253]$$

falls ein Potential existiert.

6.3. Flächenintegrale

(I) Geometrische Deutung

Wir haben das Flächenintegral in Kap. 6.1. anschaulich betrachtet. Der Erwähnung bedarf noch die gleichwertige geometrische Deutung, die unmittelbar an die Definition des gewöhnlichen Integrals anschließt, welche ja auch aus einer *geometrischen* Fragestellung hervorgegangen war.

Die Funktion $z = f(x, y)$ denken wir uns als Fläche über der x-y-Ebene dargestellt. Betrachtet man die zylindrische Säule über einem Flächenelement $\mathrm{d}A$, die sich bis zur Funktionsfläche erstreckt, so

145

hat sie den Rauminhalt $f(x, y) \, dA$. Das *Integral* über ein Flächenstück A der x-y-Ebene zu nehmen heißt, daß *Volumen* des geraden Zylinders mit der Grundfläche A zu bestimmen, der oben von der z-Fläche begrenzt wird (Abb. 6.5.)*).

Diese Erklärung erweitert die des gewöhnlichen Integrals – *Fläche unter dem Kurvenbild* –, indem sie eine weitere Raumdimension hinzunimmt. Viele Aussagen gelten sinngemäß hier wie dort. So unterscheiden sich hier *Volumen*teile oberhalb und unterhalb der x-y-Ebene durch ihr Vorzeichen.

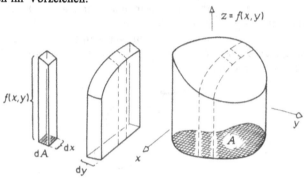

Abb. 6.5. Flächenintegral als Volumen unter dem Funktionsbild

Wenn man die Funktion $f(x, y)$ – den Integranden – durch eine Fläche veranschaulicht, muß man darauf achten, die Bedeutung verschiedener Flächenstücke nicht durcheinander zu bringen. In Abb. 6.5. ist die Fläche A (die in der Ebene der beiden unabhängigen Variablen liegt) dieselbe wie in Abb. 6.1.b oder 6.2., nämlich der *Integrationsbereich*. Die Fläche, die sich in Abb. 6.5. darüber wölbt, ist eine Darstellung des *Integranden*, den wir zuvor durch Schwärzung veranschaulicht hatten. – Abb. 6.2. stellt lauter verschiedene Integrationsbereiche vor; wenn sich dort ein ähnlich aussehendes Bild findet, so gehört es doch zu einer anderen Situation als Abb. 6.5. – Solche Mißverständnisse sind auszuschließen, wenn man den Integranden generell durch Schwärzung darstellt.

(II) Berechnung des Integrals

Ein Flächenintegral läßt sich grundsätzlich durch zweimalige gewöhnliche Integration berechnen.

Das Ergebnis – es handelt sich ja um ein bestimmtes Integral – hängt wesentlich von Form und Größe des *Integrationsgebietes* ab.

---

*) Selbstredend ist auch hier das „Volumen" nicht wörtlich gemeint, sondern bedeutet eine Größe der Dimension von $x \cdot y \cdot z$.

Im allgemeinen muß man dessen Berandung durch einen funktionalen Zusammenhang zwischen x und y beschreiben. Wir wollen aber der Einfachheit halber nur solche Integrationsgebiete betrachten, deren Berandungen durch Linien parallel zu den Koordinatenrichtungen gebildet werden, wie es auf Abb. 6.6. angedeutet ist. Sie lassen sich durch einfache Zahlenangaben für die Grenzen der beiden Variablen umreißen. Solche Integrationsgebiete kann man sich regelmäßig belegt denken mit Reihen und Spalten von gleichartig geformten (aber „sehr kleinen") Flächenelementen dA, ähnlich einem Fußboden.

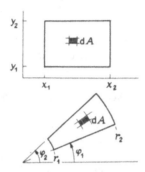

Abb. 6.6. Übersichtlich berandete Integrationsgebiete bei Verwendung von kartesischen und von Polarkoordinaten

Kartesische Koordinaten

Der Integrand sei als $f(x,y)$ gegeben. Das Integrationsgebiet A wird umrissen durch $x = x_1 \ldots x_2$, $y = y_1 \ldots y_2$ (Abb. 6.6.), es ist also – anders als in Abb. 6.5. – rechteckig. In dieser Abbildung haben wir an Hand der geometrischen Deutung des Flächenintegrals skizziert, wie man seine Berechnung schrittweise ausführen kann. Der Rechengang ist im Prinzip immer der gleiche, ob nun das Integrationsgebiet rechteckig ist oder nicht.

Man geht aus vom differentiellen Volumen der über einem Flächenelement dA stehenden Säule. Zunächst reiht man innerhalb der Integrationsgrenzen solche Säulen in x-Richtung aneinander. Das ergibt eine Scheibe (Mitte in Abb. 6.5.), deren Inhalt sich wie folgt berechnet: Die Schnittfläche erhält man definitionsgemäß durch Integration längs x bei festgehaltenem y; die Dicke ist dy; also ist das differentielle Volumen

$$\left\{ \int_{x_1}^{x_2} f(x,y)\, \mathrm{d}x \right\} \mathrm{d}y.$$

Das Flächenintegral als Gesamtvolumen bekommt man durch „scheibchenweise" Integration in y-Richtung:

$$\int_A f(x,y)\,\mathrm{d}A = \int_{y_1}^{y_2}\left\{\int_{x_1}^{x_2} f(x,y)\,\mathrm{d}x\right\}\mathrm{d}y. \qquad [254a]$$

Das Flächenintegral ist demnach generell als „Integral im Integral" zu berechnen. Die Klammer läßt man meist weg und schreibt einfach ein Doppelintegral:

$$\int_A f(x,y)\,\mathrm{d}A = \int_{y_1}^{y_2}\int_{x_1}^{x_2} f(x,y)\,\mathrm{d}x\,\mathrm{d}y. \qquad [254b]$$

Die Grenzen werden in üblicher Weise an die Teilintegrale geschrieben.

Man beachte, daß immer äußeres (resp. inneres) $\int$-Zeichen und äußeres (resp. inneres) Differential zusammengehören!

Wir verfolgen den Rechenweg noch einmal, ohne das geometrische Bild heranzuziehen:

Man berechnet im ersten Schritt das innere Integral, wobei nur x Integrationsvariable ist, y dagegen vorübergehend wie eine Konstante behandelt wird. Nach dem Einsetzen der Grenzen x_1, x_2 bleibt ein Ausdruck übrig, der immer noch eine Funktion von y ist. Im zweiten Schritt berechnet man das verbliebene äußere Integral $\int\{\}\,\mathrm{d}y$, indem man y wieder als Variable behandelt. Am Ende werden die Grenzen y_1, y_2 eingesetzt. Dann sind alle Variablen verschwunden, und das bestimmte Integral ist fertig berechnet.

Da wir ein rechteckiges Integrationsgebiet vorausgesetzt haben, ist es gleichgültig, in welcher Reihenfolge x- und y-Integration ausgeführt werden; es ist

$$\int_{y_1}^{y_2}\int_{x_1}^{x_2} f\,\mathrm{d}x\,\mathrm{d}y = \int_{x_1}^{x_2}\int_{y_1}^{y_2} f\,\mathrm{d}y\,\mathrm{d}x.$$

Beispiel: Sei $f(x,y) = x + y$. Das Integrationsgebiet sei $x = 0\ldots a, y = 0\ldots b$.

$$\int_A f\,\mathrm{d}A = \int_0^b\int_0^a (x+y)\,\mathrm{d}x\,\mathrm{d}y = \int_0^b\left\{\int_0^a x\,\mathrm{d}x + y\int_0^a \mathrm{d}x\right\}\mathrm{d}y$$

(1. Schritt:) $\qquad = \int_0^b\left\{\dfrac{a^2}{2} + ay\right\}\mathrm{d}y$

(2. Schritt:) $\qquad = \dfrac{a^2}{2}\int_0^b \mathrm{d}y + a\int_0^b y\,\mathrm{d}y = \dfrac{ab}{2}(a+b).$

Hätte man ein zum Koordinaten-Nullpunkt *symmetrisches Integrationsgebiet* (z.B. $x = -a\ldots +a$, $y = -b\ldots +b$), so wird das Integral wegen der Form der Funktion $f(x,y)$ – sie ist ungerade sowohl bezüglich x als auch y – auf jeden Fall Null (positive und negative Volumenteile kompensieren sich). Dieses evidente Ergebnis kann natürlich rechnerisch nachgeprüft werden.

Besonders übersichtlich wird die Rechnung, wenn $f(x,y)$ aus zwei Faktoren besteht, von denen der eine nur von x, der andere nur von y abhängt: $f(x,y) = g(x) \cdot h(y)$. Dann ist (wenn das Integrationsgebiet, wie vorausgesetzt, rechteckig ist)

$$\int\limits_{y_1}^{y_2} \int\limits_{x_1}^{x_2} g(x)h(y)\,\mathrm{d}x\,\mathrm{d}y = \int\limits_{x_1}^{x_2} g(x)\,\mathrm{d}x \cdot \int\limits_{y_1}^{y_2} h(y)\,\mathrm{d}y. \qquad [255]$$

Beispiel: Sei $f(x,y) = xy$. Integrationsgebiet $x = 0 \ldots a$, $y = 0 \ldots b$.

$$\int\limits_A f\,\mathrm{d}A = \int\limits_0^b \int\limits_0^a xy\,\mathrm{d}x\,\mathrm{d}y$$

$$= \int\limits_0^a x\,\mathrm{d}x \cdot \int\limits_0^b y\,\mathrm{d}y = \frac{a^2 b^2}{4}.$$

Anmerkung: Ein *Volumenintegral* wird auf entsprechende Weise als *Dreifachintegral* berechnet. In kartesischen Koordinaten:

$$\int\limits_V f(x,y,z)\,\mathrm{d}V = \iiint f(x,y,z)\,\mathrm{d}x\,\mathrm{d}y\,\mathrm{d}z.$$

Polarkoordinaten

Vorbemerkung: *In (krummlinigen!) ebenen Polarkoordinaten ist das Flächenelement* $\mathrm{d}A$ *nicht einfach das Produkt aus den Differentialen der Variablen!* Dazu → Kap. 4.1.3., insbesondere Gl. [188b]. Eine geometrische Veranschaulichung des Flächenelements gibt Abb. 4.5.c.

Entsprechendes gilt auch bei Berechnung von Volumenintegralen: Im Falle von Funktionen *dreier* Variabler kann man das *Volumen*element in kartesischen oder in räumlichen Polarkoordinaten ausdrücken. Für letztere ergibt es sich durch eine entsprechende Betrachtung, die man an Abb. 2.13. und 2.14. anschließen kann. Die Ergebnisse sind in der folgenden Übersicht zusammengestellt.

	Kartes. Koord.	Polarkoord.
Flächenelement $\mathrm{d}A$	$\mathrm{d}x\,\mathrm{d}y$	$r\,\mathrm{d}r\,\mathrm{d}\varphi$
Volumenelement $\mathrm{d}V$	$\mathrm{d}x\,\mathrm{d}y\,\mathrm{d}z$	$r^2 \sin\vartheta\,\mathrm{d}r\,\mathrm{d}\vartheta\,\mathrm{d}\varphi$

Wir betrachten nun ein Flächenintegral, wobei der Integrand in Polarkoordinaten gegeben ist: $f(r, \varphi)$. Das Integrationsgebiet A sei, unserer vereinfachenden Annahme gemäß, durch $r = r_1 \ldots r_2$, $\varphi = \varphi_1 \ldots \varphi_2$ umrissen (Abb. 6.6.). Das Flächenelement wird obiger Übersicht entnommen. Dann lautet das Flächenintegral als Doppelintegral

$$\int\limits_A f(r, \varphi)\, \mathrm{d}A = \int\limits_{\varphi_1}^{\varphi_2} \int\limits_{r_1}^{r_2} f(r, \varphi)\, r\, \mathrm{d}r\, \mathrm{d}\varphi. \qquad [256]$$

Es wird nach dem gleichen Schema in zwei Schritten berechnet wie in kartesischen Koordinaten.

Beispiel: Sei $f(r, \varphi) = \mathrm{e}^{-r^2}$. Gesucht ist das Integral, das über eine Kreisfläche vom Radius ϱ erstreckt wird. Das Integrationsgebiet ist also durch $r = 0 \ldots \varrho$, $\varphi = 0 \ldots 2\pi$ umrissen.

$$\int\limits_A f\, \mathrm{d}A = \int\limits_0^{2\pi} \int\limits_0^{\varrho} \mathrm{e}^{-r^2}\, r\, \mathrm{d}r\, \mathrm{d}\varphi.$$

Unter dem Doppelintegral steht ein nur von r abhängiger Ausdruck. Daher gilt Gl. [255] sinngemäß:

$$\int\limits_A f\, \mathrm{d}A = \int\limits_0^{2\pi} \mathrm{d}\varphi \cdot \int\limits_0^{\varrho} \mathrm{e}^{-r^2}\, r\, \mathrm{d}r$$

$$= 2\pi \int\limits_0^{\varrho} \mathrm{e}^{-r^2}\, r\, \mathrm{d}r.$$

Variablensubstitution $-r^2 = \xi$ ergibt:

$$\int\limits_A f\, \mathrm{d}A = 2\pi \left\{ -\frac{1}{2} \int\limits_0^{-\varrho^2} \mathrm{e}^{\xi}\, \mathrm{d}\xi \right\}$$

$$= \pi(1 - \mathrm{e}^{-\varrho^2}).$$

Das soeben berechnete Integral erlaubt eine interessante Folgerung. Über die ganze (unendliche) Ebene erstreckt, muß sich derselbe Wert ergeben, egal in welchen Koordinaten man rechnet. In kartesischen Koordinaten lautet die integrierte Funktion

$$\mathrm{e}^{-(x^2 + y^2)},$$

und es ist also

$$\int\limits_{-\infty}^{\infty} \int\limits_{-\infty}^{\infty} \mathrm{e}^{-(x^2 + y^2)}\, \mathrm{d}x\, \mathrm{d}y = \int\limits_0^{2\pi} \int\limits_0^{\infty} \mathrm{e}^{-r^2}\, r\, \mathrm{d}r\, \mathrm{d}\varphi = \pi$$

(letzteres nach obigem Ergebnis mit $\varrho = \infty$). Das linke Integral ist von der in Gl. [255] wiedergegebenen Form, also gleich

$$\int_{-\infty}^{\infty} e^{-x^2} dx \cdot \int_{-\infty}^{\infty} e^{-y^2} dy.$$

Das ist zweimal das *gleiche* bestimmte Integral; die unterschiedliche Bezeichnung der Variablen ändert nichts an den Zahlenwerten. Folglich ist

$$\int_{-\infty}^{\infty} e^{-x^2} dx = \sqrt{\pi}$$

oder, weil e^{-x^2} eine gerade Funktion ist,

$$\int_{0}^{\infty} e^{-x^2} dx = \frac{\sqrt{\pi}}{2}. \qquad [257]$$

Diese bestimmte Integral haben wir früher (Kap. 5.3.) schon ohne Herleitung benutzt. Das war keine Nachlässigkeit: Bemerkenswerterweise läßt es sich nicht auf direktem Wege berechnen, sondern nur auf dem Umweg über ein Flächenintegral.

6.4. Integralrechnung mit vektoriellen Größen

(I) Integration vektorieller Ortsfunktionen

Abgesehen von der Einführung des allgemeinen Kurvenintegrals, haben wir bisher keine vektoriellen Größen in Betracht gezogen, und auch dort sind wir schließlich wieder zu skalaren Funktionen zurückgekehrt.

Den Fall, daß die abhängige Variable ein Vektor ist, wollen wir wegen seiner Bedeutung nicht unerwähnt lassen. Wir werden aber nur einige allgemeine Gesichtspunkte hervorheben, keine Integral-*Rechnung* treiben. Dazu fassen wir eine vektorielle Ortfunktion, $\vec{v}(x,y,z)$, ins Auge, wovon schon Kap. 2.4.3. und 4.3.III handelten.

Die drei Ortskoordinaten lassen im Prinzip drei Arten der Integration zu, wie sie in der letzten Reihe von Abb. 6.2. angedeutet sind: Man kann Linien-, Flächen- und Volumenintegrale bilden.

Die Differentiale (Linien-, Flächen- und Volumenelement ds, dA und dV) sind, so wie sie in Abb. 6.2. notiert sind, skalare Größen. An Stelle der skalaren Funktion $f(x,y,z)$ tritt jetzt der Vektor $\vec{v}(x,y,z)$. Wir müssen daher zunächst fragen, ob nun auch vektorielle Differentiale nötig sind.

Für das *Linienintegral* wurde die Antwort in Kap. 6.2.1. bereits gegeben: Das Linienelement wird als Vektor aufgefaßt, und unter dem Integral tritt es im Skalarprodukt auf. Wir übernehmen Gl. [247] und verstehen unter dem Linienintegral:

$$\int_{C} \vec{v} \cdot \overline{ds}. \qquad [258]$$

Schwieriger steht es beim *Flächenintegral*. Das Flächenelement dA ist normalerweise skalar, jedoch ist eine entsprechende Verallgemeinerung wie beim Linienintegral möglich. Man schreibt dem Flächenelement eine Orientierung zu, indem man vereinbart, was Außen- und was Innenseite der Fläche sein soll, und denkt sich einen Vektor, der *senkrecht* auf dem Flächenelement steht und nach *außen* weist. Dieser bekommt den Betrag dA und wird $\overline{dA}$ geschrieben*). Nach dieser Vereinbarung kann man das Flächenintegral

$$\int_A \vec{v} \cdot \overline{dA} \qquad [259]$$

formulieren. Darin steht, wie beim Linienintegral, ein Skalarprodukt.

Das *Volumenintegral* über eine Vektorgröße wollen wir nicht betrachten.

(II) Anschauliche Interpretation

Wir vergleichen:

Beim *Linienintegral*, Gl. [258], kommt nur die *Komponente des Vektors $\vec{v}$ parallel zur Linie* zum Tragen,
beim *Flächenintegral*, Gl. [259], nur die *Komponente des Vektors $\vec{v}$ senkrecht zur Fläche*.

Als Beispiel für ein Linienintegral ist nach wie vor die Arbeit besonders geeignet. Eine allgemeine Folgerung aus Gl. [258] ist: Erfolgt die Verschiebung senkrecht zur Kraft, so wird keine Arbeit benötigt.

Um ein Beispiel für die Bedeutung des Flächenintegrals geben zu können, denken wir an eine Flüssigkeitsströmung. In diesem Bilde soll $\vec{v}$ die Strömung in dem Sinne charakterisieren, daß sein Betrag die Flüssigkeitsmenge ist, welche pro Zeiteinheit durch eine senkrecht zu $\vec{v}$ stehende Fläche*einheit* strömt; vgl. Abb. 2.29.**). Das Skalarprodukt $\vec{v} \cdot \overline{dA}$ ist dann diejenige Menge, die pro Zeiteinheit durch das (im allgemeinen schräg zu $\vec{v}$ stehende) Flächenelement strömt. Das Flächenintegral schließlich, genommen über eine beliebige (auch krumme) Fläche A stellt die gesamte Menge dar, die pro Zeiteinheit durch eben diese Fläche hindurchströmt (Abb. 6.7.).

Wegen dieses Beispiels nennt man $\int_A \vec{v} \cdot \overline{dA}$ allgemein den „Fluß eines Vektorfeldes durch die Fläche A".

Wenn die Strömung „immer an der Wand lang" geht, stehen $\vec{v}$ und $\overline{dA}$ überall senkrecht aufeinander. Es ist klar, daß dann das Flächenintegral Null wird, weil keine Flüssigkeit *durch* die Wand tritt.

---

*) Man denke sich, wie in Abb. 4.5., dA von zwei vektoriellen Linienelementen (z.B. d$\vec{x}$ und d$\vec{y}$) aufgespannt. Dann kann man den Vektor $\overline{dA}$ als Vektorprodukt der beiden Linienelemente auffassen.

**) Wir kehren die Argumentation von Kap. 2.4.3. um und betrachten die Strömungslinien (entsprechend den Feldlinien) als anschaulich vorgegeben. Zu ihnen suchen wir den „passenden" Vektor an jeder Stelle des Raumes, das ist dann $\vec{v}$.

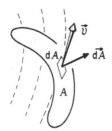

Abb. 6.7. Zur Erläuterung des Flusses durch eine Fläche A in einem Vektorfeld

(III) Integralsätze

In Kap. 4.3.III wurden mit Hilfe der Vektor-Differentialoperationen einige Begriffe eingeführt, auf die wir jetzt zurückkommen.

Die Divergenz, div $\vec{v}$, bezeichnet die Quellstärke des Vektorfeldes an der betrachteten Stelle. Diesen Begriff können wir im Bild der Flüssigkeitsströmung ganz wörtlich nehmen. Angenommen, in einem umgrenzten Raume sind Quellen, aber keine Senken, dann muß die Flüssigkeit notwendig durch die Wände des Raumes heraustreten. Wir erwarten einen Zusammenhang derart, daß die pro Zeiteinheit den Quellen entspringende Menge gleich der durch die Wände tretenden ist.

Die gesamte im Volumen V entspringende Menge bekommt man durch Integration der Divergenz (das ist eine skalare Größe!) über das Volumen:

$$\int_V \operatorname{div} \vec{v} \, dV.$$

Die gesamte, durch die geschlossene Oberfläche A ebendieses Volumens tretende Menge – der Fluß durch A – ist nach unserer obigen Erklärung

$$\oint_A \vec{v} \cdot \overrightarrow{dA} \, *).$$

Die Gleichheit beider besagt, daß

$$\int_V \operatorname{div} \vec{v} \, dV = \oint_A \vec{v} \cdot \overrightarrow{dA}, \qquad [260]$$

wo also V das von der Fläche A eingesperrte Volumen ist.

Wir haben diese Beziehung an einem Beispiel abgeleitet. Das Bemerkenswerte an ihr ist, daß sie allgemein gilt, ganz gleichgültig, welche Art von Vektorfeld man vor sich hat. Sie wird als *Integralsatz von Gauß* bezeichnet und gestattet es, in geeigneten Fällen ein Volumenintegral in ein Flächenintegral umzuformen und umgekehrt.

---

*) Wie beim Kurvenintegral, so soll auch hier der Ring im Integralzeichen darauf hinweisen, daß das Integrationsgebiet in sich geschlossen ist; $\oint_A$ wird auch *Hüllenintegral* genannt.

Es gibt einen weiteren Integralsatz, der sich diesmal nicht auf das Drei-dimensionale, sondern auf eine abgegrenzte *Fläche* bezieht. Er bringt die Strömung entlang dem Rand dieser Fläche in Beziehung zur Wirbelstärke auf der Fläche und lautet

$$\oint_C \vec{v} \cdot \overline{\mathrm{d}s} = \int_A \mathrm{rot}\, \vec{v} \cdot \overline{\mathrm{d}A} \qquad [261]$$

wo A die von der Kurve C berandete Fläche ist (*Satz von Stokes*).

Wenn $\vec{v}$ sich aus einem Potential herleitet, ist das Umlaufintegral gemäß Gl. [253] stets Null. Wegen des Satzes von Stokes gibt es dann auch keine Rotation. Diesen Sachverhalt stellte schon Gl. [214] fest.

7. Ein Blick auf die Funktionentheorie

In den zurückliegenden Kapiteln wurden Funktionen und ihre Eigenschaften vom Gesichtspunkt des Naturwissenschaftlers betrachtet, der mit ihrer Hilfe den Zusammenhang zwischen experimentell zugänglichen Größen beschreiben möchte. Da war nichts näherliegend, als zu diesem Behufe die Variablen als *reelle* Größen anzunehmen, seien sie nun Skalare oder Vektoren. Nur ganz sporadisch sind wir auf komplexe Variable gestoßen.

Im wesentlichen traten komplexe Variable bei zwei Gelegenheiten auf:
(α) Im Zusammenhang mit dem Fundamentalsatz der Algebra bei der Diskussion rationaler Funktionen (Kap. 2.2.1.) oder ihrer Partialbruchzerlegung (Kap. 5.2.1.);
(β) im Zusammenhang mit der komplexen Darstellung periodischer Funktionen: Exponentialfaktor der Kugelflächenfunktionen (Kap. 2.4.2.), Reihenentwicklung (Kap. 3.5.4.), Lösung der Schwingungsgleichung (Kap. 5.4.2.).

In diesen Beispielen waren uns komplexe Variable von Nutzen, weil sie das Problem einfacher darzustellen und zu behandeln gestatteten als reelle. Von dieser Bemerkung ausgehend, könnte man überlegen, wie wohl unsere Erörterungen verlaufen wären, wenn wir überhaupt – auch da, wo kein unmittelbares Bedürfnis zu erkennen war – komplexe Variable ins Auge gefaßt hätten. Beschränken wir uns auf die Funktionen *einer* Variablen, so können wir die Antwort geben, und zwar unter Einschluß der Differential- und Integralrechnung. Sie lautet: Alles ist einfacher als mit reellen Variablen.

Das ist ein Urteil vom ästhetischen Standpunkt. Am Fundamentalsatz der Algebra läßt sich demonstrieren, was damit gemeint ist. Dieser Satz läßt sich ganz einfach formulieren, wenn man allgemein von komplexen Zahlen redet; er ist umständlicher, mit Wenn und Aber, auszudrücken, falls man sich auf reelle Zahlen beschränkt. Ähnlich ist die Situation in der Analysis. Über die Differenzierbarkeit einer Funktion läßt sich, wie wir sehen werden, im Komplexen eine bündige Aussage machen; es sind keine Betrachtungen von Fall zu Fall mehr nötig.

Die Untersuchung der Funktionen einer komplexen Variablen ist Gegenstand der *Funktionentheorie*. Sie ist das Muster einer – im skizzierten Sinne – einfachen und eleganten Theorie. Es ist durchaus reizvoll zu verfolgen, wie sie mancherlei Einzelheiten einem größeren Ganzen einordnet.

Wir wollen deshalb in einem kurzen Kapitel*) wenigstens andeuten, womit sich die Funktionentheorie befaßt. Der praktische Gesichtspunkt, daß man sie nämlich zur Behandlung mancher naturwissenschaftlicher Probleme notwendig braucht, soll dabei nicht ganz unerwähnt bleiben.

7.1. Funktionen einer komplexen Variablen und ihre Darstellung

(I) Allgemeines

Die Terminologie ist üblicherweise folgende: Die unabhängige Variable (im Reellen x) heißt z, ihr Real- und Imaginärteil, von denen jeder für sich veränderlich ist, heißen x und y:

$$z = x + iy. \qquad [262a]$$

Die abhängige Variable (der Funktionswert, im Reellen y) wird w genannt, ihr Real- und Imaginärteil u resp. v:

$$w = u + iv. \qquad [262b]$$

Ein funktionaler Zusammenhang zwischen beiden wird durch

$$w = f(z) \qquad [263a]$$

abgekürzt. Da Real- und Imaginärteil auf beiden Seiten einer Gleichung für sich übereinstimmen müssen, ist im allgemeinen

$$u = u(x,y),$$
$$v = v(x,y), \qquad [263b]$$

d. h. der Realteil u der Funktion hängt sowohl vom Real- als auch vom Imaginärteil der unabhängigen Variablen z ab, und das gleiche gilt für den Imaginärteil v der Funktion.

Wie im Reellen, stellt die Funktion eine Zuordnungsvorschrift dar. Ihre Konkretisierung ist wieder auf verschiedene Weise möglich:

(α) In Form einer Wertetabelle.

Das ist problemlos.

(β) In Form einer graphischen Darstellung.

Auf welche Weise das auszuführen ist, wird im folgenden noch näher zu erläutern sein.

---

*) *Laurence Sterne*s oder *Jean Paul*s Knappheit wird sich allerdings nicht erreichen lassen – sie fassen auch mal ein ganzes Kapitel in *einen* Satz.

(γ) In Form einer Gleichung.

Aufschreiben kann man eine Gleichung allemal. Solange sie nur die in Kap. 1.1.1. erläuterten Grundoperationen enthält, bereitet auch die Berechnung des Funktionswertes keine Schwierigkeiten. Nur im Falle transzendenter Funktionen wird eine weiterführende Interpretation nötig, denn was z. B. unter einem Cosinus verstanden werden soll, ist zunächst nur für reelle Winkel erklärt. Man *definiert* die elementaren transzendenten Funktionen cos z, sin z und e^z durch ihre Potenzreihen, indem man die in Tab. 3.3. angegebenen Entwicklungen ins Komplexe übernimmt (also z statt x schreibt). Die Reihenglieder sind ihrerseits mit Hilfe der Grundregeln berechenbar.

(II) Graphische Darstellung

Die Darstellungsmethoden für reelle Funktionen scheiden für komplexe weitgehend aus. Nur auf eine ganz elementare Darstellungsweise können wir zurückgreifen, die wir im Reellen lediglich kurz erwähnt, aber nicht weiter benutzt haben. In Abb. 2.4.a ist die Wertetabelle einer Funktion ins Graphische übertragen, indem unabhängige und abhängige Variable jeweils auf ihrer Zahlengeraden markiert sind. Die Eigenart der Funktion äußert sich dann in einem charakteristischen Punktmuster.

Dieses Veranschaulichungsprinzip ist geeignet, ins Komplexe übertragen zu werden. Man pflegt ja eine komplexe Zahl als Punkt auf der *Gauß*schen Zahlenebene darzustellen. Wenn man jetzt – statt der zwei Zahlen*geraden* – zwei Zahlen*ebenen* zeichnet, kann man zu einem jeden Punkt auf der einen Ebene (der z-Ebene, entsprechend der unabhängigen Variablen) einen für die Funktion charakteristischen Punkt auf der zweiten (der w-Ebene, entsprechend der abhängigen Variablen) angeben.

Das möglichst regelmäßige Muster auf der z-Ebene, von dem man ausgeht, denkt man sich wie folgt erzeugt. Die z-Ebene wird überzogen mit einem Netz sich kreuzender Linien (z. B. – aber nicht notwendig – mit einem quadratischen Netz von Linien x = const und y = const). Die Knoten des Netzes bilden das oben genannte Punktmuster. In der w-Ebene bekommt man ein anderes, zugeordnetes Netz. Die beiden Netz-Bilder hängen in einer für die Funktion charakteristischen Weise zusammen.

Daher sagt man: *Die komplexe Funktion $w = f(z)$ vermittelt eine Abbildung der z-Ebene auf die w-Ebene.*

Man könnte auch irgendeine andere geometrische Figur in die z-Ebene zeichnen, die dann in eine neue Figur der w-Ebene abgebildet würde.

(III) Beispiele

(α) Sei in der Gl. [263a] entsprechenden Schreibweise

$$w = cz.$$

Der Faktor c ist eine komplexe Konstante, die man

$$c = a + ib \qquad \text{(kartesische Darstellung)}$$
oder $\qquad c = |c|e^{i\gamma} \qquad \text{(Exponentialdarstellung)}$

schreiben kann. – In kartesischer Schreibweise ist

$$u + iv = (a + ib)(x + iy).$$

Die rechte Seite kann man ausmultiplizieren und Real- und Imaginärteil getrennt gleichsetzen. Das ergibt die Gl. [263b] entsprechende Schreibweise der Funktion:

$$u = u(x,y) = ax - by,$$
$$v = v(x,y) = bx + ay.$$

Um die Abbildungseigenschaften der vorstehenden Funktion zu veranschaulichen, denken wir uns die z-Ebene mit einem quadratischen Netz überzogen (Abb. 7.1.a) und untersuchen, wie es sich in der w-Ebene wiederfindet.

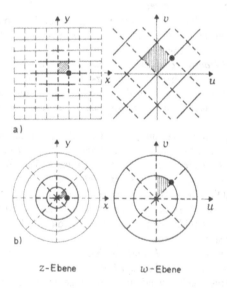

z-Ebene   w-Ebene

Abb. 7.1. Konforme Abbildung durch die Funktion $w = cz$, speziell mit $c = 2e^{i\pi/4} = \sqrt{2} + i\sqrt{2}$. – a) x-y-Netz; b) r-φ-Netz

Zuerst betrachten wir die Abbildung der *Linien parallel zur x-Achse*, für die $y = y_1 = $ const gilt. Dazu wird aus den beiden obigen Gleichungen die noch variable Größe x eliminiert. Man bekommt eine einzige Gleichung, die u und v verknüpft. Sie ergibt das Bild der betrachteten Linien in der w-Ebene und lautet hier:

$$v = \frac{b}{a} u + \frac{(a^2 + b^2) y_1}{a}.$$

Das ist wieder die Gleichung von lauter Geraden, die alle die gleiche Steigung haben, aber (je nach y_1) parallel gegeneinander verschoben sind. In Abb. 7.1.a sind sie durch ausgezogene Linien wiedergegeben.

Um die Abbildung von *Linien*, die in der z-Ebene *parallel zur y-Achse* laufen, zu untersuchen, setzt man $x = x_1 = $ const, eliminiert y und erhält nun

$$v = -\frac{a}{b} u + \frac{(a^2 + b^2) x_1}{b}.$$

Auch ihr Bild besteht aus lauter parallelen Geraden; sie sind in Abb. 7.1.a gestrichelt gezeichnet.

Die beiden Scharen von Geraden schneiden sich immer unter rechten Winkeln, weil die aus Gl. [193] folgende Orthogonalitätsbedingung durch die beiden Steigungsmaße (nämlich b/a und $-a/b$) erfüllt wird.

Viel einfacher übersieht man die Abbildungseigenschaften der Funktion, wenn man die komplexen Zahlen in Exponentialform schreibt und die Regel der komplexen Multiplikation, Gl. [14a] bedenkt. Danach werden alle Radien um den Faktor $|c|$ gestreckt, alle Winkel um γ gedreht. Das Ergebnis veranschaulicht man am besten, indem man von einem Netz radialer Linien und konzentrischer Kreise in der z-Ebene ausgeht, wie es in Abb. 7.1.b geschehen ist.

Zur Verdeutlichung sind in der Abbildung neben den Netzlinien auch noch ein spezieller Punkt sowie ein Flächenstück jeweils in beiden Ebenen hervorgehoben.

(β) Sei

$$w = z^2.$$

In kartesischer Schreibweise ist

$$u + iv = (x + iy)^2.$$

Real- und Imaginärteil ergeben getrennt:

$$u = x^2 - y^2,$$
$$v = 2xy.$$

Wie in Beispiel (α), bekommt man durch Eliminieren von x die Gleichung des Bildes der zur x-Achse parallelen Linien:

$$u = \frac{1}{4 y_1^{\,2}} v^2 - y_1^{\,2},$$

und entsprechend die Gleichung des Bildes der zur y-Achse parallelen Linien

$$u = -\frac{1}{4x_1{}^2}\,v^2 + x_1{}^2.$$

Das sind diesmal keine Gleichungen von Geraden, sondern von symmetrisch zur reellen Achse liegenden Parabeln, wie sie Abb. 7.2.a zeigt. Wir bemerken, daß – da x_1 resp. y_1 nur *quadratisch* vorkommen – jeweils zwei symmetrisch liegende Linien der z-Ebene das gleiche Kurvenbild in der w-Ebene ergeben müssen. Der Eindeutigkeit wegen ist deshalb in Abb. 7.2.a nur die *halbe z-Ebene* gezeichnet; diese wird auf die *ganze w-Ebene* abgebildet! Die nicht gezeigte zweite Hälfte der z-Ebene ergäbe genau das gleiche Bild noch einmal.

Wieder ist die Funktion einfacher zu überschauen, wenn man die Exponentialschreibweise benutzt. Dann ist

$$w = |z|^2 e^{i2\varphi},$$

d. h. alle Radien werden quadriert, alle Winkel verdoppelt. Das Ergebnis ist, ausgehend von einem Radien-Kreis-Netz auf der halben z-Ebene, in Abb. 7.2.b gezeigt.

Um die Abbildung von der z- auf die w-Ebene noch faßbarer zu veranschaulichen, kann man sich die (halbe) z-Ebene aus Gummi verfertigt und mit einem Netz bemalt denken. Die positive y-Achse wird nun um 90° in positiver Rich-

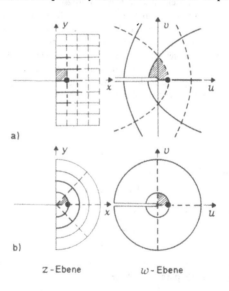

a)

b)

z-Ebene w-Ebene

Abb. 7.2. Konforme Abbildung durch die Funktion $w = z^2$. – a) x-y-Netz; b) r-φ-Netz

tung (Gegenuhrzeigersinn) gedreht und kommt in Richtung der negativen u-Achse zu liegen. Die negative y-Achse wird um 90° in negativer Richtung gedreht und erreicht die negative u-Achse von der anderen Seite. Deshalb ist in Abb. 7.2. dort eine Doppellinie angedeutet. Das die w-Ebene überziehende Netz ist das verzerrte ursprüngliche Netz. Es wird gewissermaßen dort, wo es an die y-Achse angeheftet ist, mitgezogen und bedeckt schließlich die ganze w-Ebene.

Zwei- (oder auch Mehr-)Deutigkeiten wie bei der Funktion $w = z^2$ sind bei komplexen Funktionen keine Seltenheit. Um die ganze z-Ebene abzubilden, braucht man die w-Ebene doppelt. Diese beiden Bildebenen hat man sich durch einen Schnitt bis zum Nullpunkt aufgetrennt zu denken. Entlang den Schnittkanten kann man in Gedanken – mit Papier läßt sich das nicht ausführen – die beiden übereinander liegenden Blätter zusammenkleben, und zwar über Kreuz so, daß man beim Umfahren des Nullpunktes an der Schnittlinie endlos von dem einen auf das andere Blatt wechselt. Man nennt diese merkwürdige Hilfskonstruktion eine *Riemannsche Fläche*.

7.2. Differential- und Integralrechnung im Falle einer komplexen Variablen

(I) Differentiation

Der Differentialquotient dw/dz einer komplexwertigen Funktion wird, wie im Reellen, als Grenzwert definiert. Über das Differenzieren braucht man nicht mehr zu sagen als: Man berechnet dw/dz nach den gleichen Regeln, wie im Reellen dy/dx.

Beispiel: $w = cz$ ergibt $\dfrac{dw}{dz} = c$;

$w = z^2$ ergibt $\dfrac{dw}{dz} = 2z$.

Die Ableitung ist natürlich auch wieder eine komplexe Funktion.

(II) Differenzierbarkeit, analytische Funktionen, Singularitäten

Eine Funktion, deren Differentialquotient an allen Stellen eines Gebietes der z-Ebene existiert, heißt in diesem Gebiet analytisch (oder regulär). Die analytischen Funktionen bilden eine hervorzuhebende Klasse mit ganz besonderen Eigenschaften. Deshalb ist es nützlich, daß es ein einfaches *Kriterium* gibt, um an Real- und Imaginärteil (in kartesischer Darstellung) zu erkennen, ob eine Funktion analytisch ist.

Wir denken uns die Funktion in der Form von Gl. [263a] oder [263b] gegeben. Diese Funktion ist analytisch, falls die beiden Beziehungen

$$\frac{\partial u}{\partial x} = \frac{\partial v}{\partial y} \quad und \quad \frac{\partial u}{\partial y} = -\frac{\partial v}{\partial x} \qquad [264]$$

gelten (*Cauchy-Riemann*sche Differentialgleichungen).

Beispiel: Wir fanden vorn für $w = z^2$, daß

$$u = x^2 - y^2,$$
$$v = 2xy$$

ist. Daraus berechnet sich

$$\frac{\partial u}{\partial x} = \frac{\partial v}{\partial y} = 2x; \quad \frac{\partial u}{\partial y} = -\frac{\partial v}{\partial x} = -2y.$$

Das gilt für beliebige x und y; also ist die Funktion auf der ganzen z-Ebene analytisch.

Die elementaren Funktionen (auch die transzendenten wie $\cos z$ oder e^z) sind in der ganzen komplexen Ebene analytisch, mit Ausnahme allenfalls einzelner *Punkte* (es sind also nicht gleich ganze Bereiche ausgenommen). Solche Punkte heißen *Singularitäten*. Dabei kann es sich um hebbare Singularitäten handeln (entsprechend den hebbaren Unstetigkeiten im Reellen, Kap. 2.3.1.III); diese sind dann nicht störend. Es kann aber auch sein, daß bei Annäherung an den singulären Punkt der Funktionswert betragsmäßig über jede Grenze wächst (entsprechend einer Unendlichkeitsstelle im Reellen). Wird für jede auf der komplexen Ebene wählbare Annäherungsrichtung $|f(z)| \to \infty$ für $z \to z_1$, so heißt die singuläre Stelle z_1 ein *Pol* (außerwesentliche Singularität). Hängt der Grenzwert noch von der Annäherungsrichtung ab, so spricht man von einer wesentlichen Singularität.

Beispiel: Die Funktion $w = \dfrac{1}{z}$ hat einen Pol bei $z_1 = 0$.

(III) Eigenschaften analytischer Funktionen

Allein aus der Tatsache, daß eine Funktion analytisch (und das heißt nicht mehr als: differenzierbar) ist, folgen eine Reihe weiterer Eigenschaften. Das ist ganz anders als im Reellen, wo die Differenzierbarkeit, sozusagen, folgenlos bleibt.

(α) Wenn eine Funktion analytisch ist, d.h. die 1. Ableitung besitzt, so existieren auch alle höheren Ableitungen.

Man kann z. B. sicher sein, daß sich die Gl. [264] weiter nach x oder y differenzieren lassen. Tut man das und vergleicht die gemischten Ableitungen, so folgt

$$\frac{\partial^2 u}{\partial x^2} + \frac{\partial^2 u}{\partial y^2} = 0; \quad \frac{\partial^2 v}{\partial x^2} + \frac{\partial^2 v}{\partial y^2} = 0. \qquad [265a]$$

Die beiden Funktionen u und v müssen also ein und derselben Differentialgleichung genügen. Daran sieht man, daß weder Real- noch Imaginärteil einfach beliebig gewählt werden können, sondern daß beide bestimmten Einschränkungen genügen müssen, wenn man haben möchte, daß die Funktion analytisch ist.

(β) Sind zwei Funktionen in einem Gebiet analytisch und stimmen sie wenigstens längs eines beliebig kurzen Kurvenstücks überein, so sind sie überall in dem Gebiet einander gleich (Identitätssatz).

Das heißt z. B., daß sich eine auf der x-Achse gegebene reelle Funktion nur auf eine einzige Weise zu einer komplexen, analytischen Funktion erweitern läßt.

(γ) Die durch eine analytische Funktion von der z- auf die w-Ebene vermittelte *Abbildung ist konform*. Das besagt: Alle Winkel bleiben erhalten, darüber hinaus bleiben genügend kleine geometrische Gebilde auch in ihrer Form erhalten (winkeltreue und – im Kleinen – maßstabstreue Abbildung).

Die Folge ist: Orthogonale Netze der z-Ebene werden in orthogonale Netze der w-Ebene abgebildet. Unsere Abb. 7.1. und 7.2. bestätigen das. Auch wenn krummlinige Netze entstehen, so bleiben doch die ursprünglichen Schnittwinkel, als rechte Winkel, erhalten.

(IV) Anwendungen der konformen Abbildung

Die Eigenschaft der Abbildung, konform zu sein, und die Gültigkeit von Gl. [264] hängen ursächlich zusammen. Man kann daher weitergehend folgern: Bildliche Darstellungen der konformen Abbildung sind als Lösungen der Gl. [265a] zu verstehen. Diese ist eine partielle Differentialgleichung für eine Funktion von zwei Variablen, also z. B. für $u = u(x, y)$, die man mit Hilfe des in Gl. [173] definierten Operators auch kürzer als

$$\Delta u = 0 \qquad [265b]$$

schreiben kann (*Laplace*sche Differentialgleichung).

Die *Laplace*sche Differentialgleichung spielt bei verschiedenen naturwissenschaftlichen Problemen eine Rolle (elektrische Felder, Strömungsprobleme). Bei ihrer Behandlung ist die konforme Abbildung ein nützliches Hilfsmittel. Man betrachtet dazu die komplexe Ebene – die ja, der Bedeutung imaginärer

Zahlen entsprechend, keinen geometrisch-faßbaren Charakter haben kann – als Abbild einer geometrischen Ebene, indem man die Existenz der imaginären Einheit i „vergißt" und x und y wie Ortskoordinaten ansieht.

Beispiel: Ein parabolisch gebogenes Blech sei als Elektrode im Gebrauch. Die zweite Elektrode sei eben, aber ziemlich weit weg (im „Unendlichen"). Um den Verlauf der Feldlinien zu bekommen, betrachtet man z.B. eine der gestrichelten Linien in Abb. 7.2.a als Schnitt durch die Elektrodenfläche; dann sind die ausgezogenen die elektrischen Feldlinien (Abb. 7.3.).

Diese nützliche Analogie ist – leider – auf dreidimensionale Probleme nicht zu erweitern.

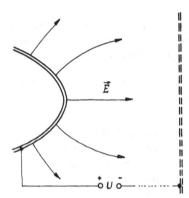

Abb. 7.3. Anwendung der konformen Abbildung von Abb. 7.2. zur Darstellung der elektrischen Feldlinien an einer Elektrode, die die Form eines parabolischen Zylinders hat

(V) Integration

Die Integration im Komplexen – im Sinne der bestimmten Integration – basiert auf einer Summendefinition wie im Reellen. Allerdings ist eine Präzisierung nötig. Bei ihr hilft es wieder, der komplexen Ebene faßbare geometrische Bedeutung beizulegen. Dann sieht man, daß die Situation vollkommen der entspricht, die wir bei der Integration einer Funktion von zwei Variablen vorfanden. Dort war die Analogie zum gewöhnlichen Integral das *Kurvenintegral. Die Integration im Komplexen läuft formal völlig parallel mit der Integration längs einer Kurve C* (→ Kap. 6.2.) *im Reellen.*

Man schreibt also

$$\int_C f(z)\,\mathrm{d}z,$$

worin $f(z) = u + \mathrm{i}v$ und $\mathrm{d}z = \mathrm{d}x + \mathrm{i}\mathrm{d}y$ ist. Demnach ist

$$\int_C f(z)\,dz = \int_C \{u(x,y)\,dx - v(x,y)\,dy\} + i \int_C \{v(x,y)\,dx + u(x,y)\,dy\}. \quad [266]$$

Den Integrationsweg C denkt man sich durch eine Parameterdarstellung entsprechend Gl. [248], also durch

$$\begin{aligned} x &= x(t), \\ y &= y(t) \end{aligned} \quad [267]$$

gegeben (in ihr taucht die imaginäre Einheit i nicht noch einmal auf). Indem man die Weg-Gleichung in den Integranden einarbeitet, ergibt sich entsprechend Gl. [249]:

$$\begin{aligned} \int_C f(z)\,dz = &\int_{t_1}^{t_2} \left\{ u(t)\,\frac{dx(t)}{dt} - v(t)\,\frac{dy(t)}{dt} \right\} dt \\ &+ i \int_{t_1}^{t_2} \left\{ v(t)\,\frac{dx(t)}{dt} + u(t)\,\frac{dy(t)}{dt} \right\} dt. \end{aligned} \quad [268]$$

Auf der rechten Seite stehen Real- und Imaginärteil des Integrals bereits getrennt; die Ausdrücke in den Klammern sind reell und können deshalb nach den gewöhnlichen Regeln integriert werden.

(VI) Wegunabhängigkeit des Integrals

Es gilt folgender grundlegende Satz: *Ist die Funktion $f(z)$ analytisch in einem einfach zusammenhängenden* ($\rightarrow$ Kap. 2.4.1.) *Gebiet, so ist das Integral $\int_C f(z)\,dz$ (bei festgehaltenen Endpunkten) unabhängig vom Integrationswege.*

Das ist wiederum eine sehr allgemeine Konsequenz der schlichten Eigenschaft, differenzierbar zu sein!

Wie beim reellen Kurvenintegral, ist über einen geschlossenen Integrationsweg das Integral gleich Null.

Enthält allerdings das vom Integrationsweg umrandete Gebiet singuläre Punkte, so ist das Integral nicht Null. Aber auch dann hat es noch recht übersichtliche Eigenschaften. Bemerkenswerterweise ist es nämlich gleichgültig, auf welchem Wege man die Singularitäten umrundet, wenn der Weg nur immer die gleichen singulären Punkte einschließt. Der Wert des Intergals, der sich dabei ergibt, ist $i2\pi \cdot R$, wo R eine für die Singularität der Funktion charakteristische Zahl, das sog. *Residuum*, ist. Beispielsweise hat die Funktion $w = 1/z$ an der Stelle $z_1 = 0$ einen Pol mit dem Residuum $R = 1$. Daher ist das Umlaufintegral

$$\oint \frac{1}{z}\,dz = i\,2\pi,$$

falls auf dem geschlossenen Weg der Nullpunkt umrundet wird; andernfalls ist es Null.

Unter Zuhilfenahme der *komplexen* Rechnung kann man mitunter *reelle* Integrale berechnen, denen anders nicht beizukommen ist.

Sachverzeichnis

UTB